Youssef Yasin
Saleh M. Rahem Shalal M. Hussein

A extração da raiz de Cnicus benedictus na linha celular do cancro

Youssef Yasin
Saleh M. Rahem Shalal M. Hussein

A extração da raiz de Cnicus benedictus na linha celular do cancro

ScienciaScripts

Cover image: www.ingimage.com

This book is a translation from the original published under ISBN 978-3-659-83097-6.

Publisher:
Sciencia Scripts
is a trademark of
Dodo Books Indian Ocean Ltd. and OmniScriptum S.R.L publishing group

120 High Road, East Finchley, London, N2 9ED, United Kingdom
Str. Armeneasca 28/1, office 1, Chisinau MD-2012, Republic of Moldova, Europe
Printed at: see last page
ISBN: 978-620-8-26035-4

Índice:

O resumo :

O estudo recente teve como objetivo a realização de dois grupos de experiências que se debruçaram sobre o estudo dos componentes botânicos e químicos e das suas actividades biológicas no cardo-branco (*Cnicus benedictus* L.), como se segue:

O primeiro grupo: inclui uma série de experiências destinadas a estudar os compostos botânicos e químicos da planta *Cnicus benedictus* L. em qualidade e a sua Dose Letal (**DL50**).

O segundo grupo: Incluiu um grupo de testes que visou avaliar a atividade biológica dos extractos através do estudo do efeito dos extractos aquoso e alcoólico das raízes da planta *In Vitro* para avaliar o papel dos extractos no crescimento de duas linhas celulares cancerosas (Linha celular de adencarcinoma mamário murino AMN-3) bem como a linha celular normal de fibroblasto de embrião de rato (REF) e encontrar a concentração inibitória para metade do número de células para as linhas celulares cancerosas expostas, e estudar a atividade do extrato no tratamento dos ratinhos transplantados com a linha celular de adencarcinoma mamário murino AM3. *In vivo*, medindo os volumes dos tumores, bem como estudar os tecidos destes tumores e os tecidos de certos membros em animais de laboratório.

O estudo foi realizado no Centro Iraquiano de Investigação sobre Cancro e Genética Médica/Universidade Al-Mustansiriyah de 1/9/2014 a 1/8/2015, tendo sido utilizados em todos os testes ratinhos de laboratório fornecidos pelo centro. Os resultados do estudo mostraram o seguinte:

Em primeiro lugar: uma análise da planta com recurso a vários solventes revelou que a planta continha flavonóides, alcalóides, hidratos de carbono, terpenos, taninos e comarinas.

segundo : Os resultados da técnica HPLC mostraram que o extrato aquoso e alcoólico (etanol) das raízes da planta tem os compostos activos mais importantes (Cnicina , Arctiina , Arctigenina). A Cnicina revela o rácio mais elevado. Os rácios destes compostos são diferentes nas partes da planta de acordo com os diferentes habitats e solos de onde a planta provém.

Terceiro : Uma dose letal (**LD50**) é limitada de acordo com o aumento e a diminuição dos extractos brutos das raízes da planta utilizando em ratos brancos quando os animais são dose primária atingida de (1000) mg/kg do peso corporal a (5000)mg/kg sem aparecer na experiência qualquer efeito tóxico da planta nos animais doseados.

Quarto : O efeito do *Cnicus benedictus* L. é avaliado no crescimento de uma das linhas celulares cancerosas. Trata-se de uma linha celular de adencarcinoma mamário murino (AMN-3) e de uma linha celular normal de fibroblastos de embrião de rato (REF).

Quinto: Os resultados provam que existe um efeito significativo e tóxico dos extractos brutos sobre o crescimento das células cancerosas durante três períodos de exposição. Verifica-se que o efeito inibitório dos extractos depende da concentração, a toxicidade aumenta com o aumento da concentração e em função da dose e do tempo. O AMN-3 é a linha mais sensível ao extrato bruto, ao passo que os extractos brutos não apresentam qualquer toxicidade para o REF.

Sexto : Foi encontrada a concentração inibitória para metade do número de células (IC50) para a linha celular cancerosa exposta. O extrato etanólico das raízes foi significativamente mais eficaz do que o extrato aquoso na toxicidade da linha (AMN-3).

Sétimo : O estudo incidiu igualmente em ratinhos transplantados com a linha celular de adencarcinoma mamário murino (AM3) pelos extractos. São utilizados (24) ratinhos infectados experimentalmente pela linha celular de adencarcinoma mamário murino (AM3). Estes são divididos em cinco grupos iguais. Cada grupo é constituído por seis ratinhos infectados com AMN-3. Os ratos do primeiro grupo são tratados com o extrato etanólico das raízes das plantas com uma dose de (300) mg/kg de peso corporal por administração oral. O segundo grupo terapêutico é tratado com o extrato aquoso das raízes com uma dose de (300) mg/kg de peso corporal.

O efeito de inibição é reconhecido para o extrato nos tumores transplantados nos ratos através da medição dos volumes dos tumores de três em três dias durante (21) dias (duração da experiência).

Os resultados mostraram que o extrato etanólico das raízes do *Cnicus benedictus* L. tinha um efeito de inibição sobre o crescimento das células cancerosas, para além de uma atrofia na massa do tumor, em função do tempo de duração do tratamento. Verifica-se que existem diferenças significativas ($P<0,05$) na atrofia da massa do tumor para o primeiro e segundo grupos de pares terapêuticos em comparação com os volumes de tumores do grupo de controlo positivo.

Oitavo: Os resultados dos testes tecidulares revelaram a existência de imensas regiões de necrose rodeadas por um tecido fibroso com células inflamatórias na massa de tecido canceroso do tumor de ratinho do controlo, ao passo que existem menos zonas de necrose e infiltração de células inflamatórias, especialmente (macrófagos) nos tumores de ratinho do outro grupo terapêutico. Os testes de tecido indicaram que existem algumas alterações degenerativas menores nos rins dos grupos tratados com extractos aquosos e etanólicos das raízes com uma dilatação ligeira nos túbulos torcidos e glomérulos dos rins. Aparecem na maioria dos sectores tecidulares, prolíficos, arredondados e normais em comparação com os rins dos animais do grupo de controlo em que os sectores apresentavam uma degeneração celular aguda na célula epitelial dos túbulos contorcidos do rim. No fígado, os outros grupos terapêuticos descobriram, através da investigação microscópica, uma infiltração de células inflamatórias, como eosinófilos e linfócitos, em comparação com o grupo de controlo, no qual a investigação mostrou células mononucleares pleomórficas hipercromáticas nos sinusóides hepáticos e no parênquima hepático.

Conclui-se através do estudo recente que o *Cnicus benedictus* L. é uma das plantas promissoras na terapia do cancro devido ao facto de o extrato da raiz inibir significativamente o volume do adencarcinoma mamário murino transplantado em ratos de laboratório. Os resultados são encorajadores quanto à possibilidade de utilizar os extractos com outros tipos de medicamentos anticancerígenos, especialmente, o extrato não tem efeito tóxico quando administrado como medicamento oral, porque isto é confirmado pelos resultados do estudo da toxicidade aguda nos ratos de laboratório.

Capítulo 1

1- Introdução :

O cancro pode afetar pessoas de todas as idades, mesmo fetos, mas o risco para a maioria das variedades aumenta com a idade e causa cerca de 13% de todas as mortes, 7,6 milhões de pessoas morreram de cancro no mundo em 2007 (Carlsen *et al.*, 2007).

Os métodos medicinais actuais para tratar o cancro incluem a cirurgia, a radiação e a quimioterapia. A radiação e a quimioterapia têm a desvantagem de destruir tanto as células saudáveis como as malignas, pelo que podem causar efeitos secundários graves (Dudley *et al.*, 2005; Fleming *et al.*, 2001). Além disso, a cirurgia pode ter possíveis complicações durante a própria cirurgia (Binzel, 2000). Os desenvolvimentos recentes das técnicas modernas de eliminação das células tumorais (Sobol e Scanlon, 2008) incluem a imunoterapia, também designada por terapia biológica, que utiliza o próprio sistema imunitário do organismo para combater o cancro (Bauer *et al.*, 2008), e a geneterapia, que constitui um novo ensaio para o tratamento do cancro (Sobol e Scanlon, 2008). No entanto, continua a ser necessário desenvolver novos fármacos anticancerígenos, combinações de fármacos e estratégias de quimioterapia, através da exploração metódica e científica de um enorme conjunto de produtos sintéticos, biológicos e naturais (Mukherjee *et al.*, 2001). Um tratamento seguro e eficaz do cancro tem sido o objetivo dos cientistas durante muitas décadas. Essa técnica deve ser selectiva na destruição das células cancerosas sem danificar irreversivelmente as células normais (Hunt *et al.*, 2008).

Atualmente, na medicina, a instituição médica pretende utilizar o tratamento alternativo do cancro (Chen e Kong, 2005). A natureza tem sido uma fonte de tratamentos médicos há milhares de anos e, ainda hoje, os sistemas à base de plantas continuam a desempenhar um papel essencial nos cuidados de saúde primários de 80% da população mundial. Existem pelo menos 250 000 espécies de plantas, das quais se descobriu que mais de mil possuem propriedades anticancerígenas significativas. A natureza forneceu muitos agentes anticancerígenos eficazes atualmente utilizados, incluindo fármacos de origem microbiana e uma série de fármacos derivados de plantas (Mukherjee *et al.*, 2001).

Os fármacos recentemente introduzidos foram obtidos a partir de plantas selvagens, como o taxol do teixo do Pacífico, *Taxus brevifolia*, *Catharanthus roseus* ou *Vinca rosea* (pervinca) (Efferth *et al.*, 2008). Outra molécula proeminente inclui a podofilotoxina; como modificação sintética, conhecida por ser eficaz para cancros de pequenas células. Outras moléculas importantes incluem a Vincristina, a Vinblastina, a Colchicina, a Ellipticina e o Lepachol, juntamente com o Flavopiridol, um alcaloide piridoindol das folhas de *espécies de Ochrosia* e muitas outras (Elder *et al.*, 2000).

No Iraque, foram realizadas muitas investigações, como no Centro Iraquiano de Investigação sobre o Cancro e a Genética Médica (ICCMGR), para avaliar o tratamento alternativo da doença oncológica utilizando plantas locais como *Olea europea*- OE (Al-Zaitoon ou Olive) (Ubied, 2006), *Salix acmophylla* (Al- Mousawi, 2006), *Nerium oleander* (Al-Shaybanee, 2006), *Urtica dioica* (Al-Taae, 2007), *Melia azedarach* (Taha, 2007), *Apium graveolens var* (Al- Tymimie, 2007), folhas de chá verde (Umran, 2008), *Silybum marianum L* (Salmman, 2008), e *Agaricus bisporus* (Al-Mosawy, 2008). Estas plantas mostraram um efeito variável na inibição do crescimento de células cancerosas *in vitro* e *in vivo*.

Cnicus benedictus L. (cardo comum) é bastante comum no Iraque; esta planta é uma planta anual de inverno a primavera, adaptável e encontrada a sol pleno ou parcial, em locais húmidos a ligeiramente secos, e em solo fértil, pelo que é uma erva daninha. Foi sugerido que a atividade antioxidante das plantas depende de factores ambientais como a estação de crescimento (Howard *et al.*, 2002; Everitt *et al.*, 2007) e a localização (Ma *et al.*, 2003). No entanto, não estavam suficientemente disponíveis informações detalhadas sobre as actividades antioxidantes da *C. benedictus* L.. As actividades antioxidantes de *C. benedictus* L. , incluindo a atividade de eliminação de radicais livres, a atividade de eliminação de nitritos, o teor fenólico total e o teor de flavonóides de *C. benedictus* podem ser uma fonte de antioxidantes alimentares e naturais (Yin *et al.*, 2007).

Por conseguinte, o presente estudo foi concebido para avaliar a atividade citotóxica do extrato vegetal de *Cnicus benedictus* L., com os seguintes objectivos

1- Recolha, diagnóstico e classificação de plantas e conhecimento das zonas de distribuição.
2- Deteção qualitativa de compostos metabólicos secundários.
3- Quantificação de algumas substâncias activas cnicina, arctigenina e arctiina por técnica de HPLC.
4- Estudar o efeito de extractos aquosos e alcoólicos de *Cnicus benedictus* L. no crescimento de várias linhas celulares cancerosas (AMN-3) e na linha celular normal (REF) *in vitro*.
5- Estudar o efeito de extractos de *Cnicus benedictus* L. no crescimento de tumores transplantados em ratinhos *in vivo*.
6- Determinação da dose letal (DL50) para cada extrato de *Cnicus benedictus* L. em ratos normais para

detetar as doses terapêuticas.

7- Estudar as alterações histopatológicas dos extractos de *Cnicus benedictus* L. em tecidos transplantados de ratinhos *in vivo*.

Revisão de Literaturas

1-1-Tumor

A palavra tumor tornou-se sinónimo de neoplasia, especificamente de neoplasia sólida; é o termo científico para descrever uma proliferação anormal de células geneticamente alteradas (Murgia *et al.*, 2006). Kleinsmith (2006) referiu que as neoplasias podem ser benignas ou malignas, pelo que a neoplasia benigna ou tumor benigno (neoplasia sólida) que pára de crescer por si só, não invade outros tecidos e não forma metástases, a neoplasia maligna ou tumor maligno é sinónimo de cancro.

O cancro é uma classe de doenças em que um grupo de células apresenta um crescimento descontrolado, invasão, o que significa destruição dos tecidos adjacentes, e por vezes metástases (disseminação para outros locais do corpo através da linfa ou do sangue). Estas propriedades malignas fazem com que os cancros se diferenciem dos tumores benignos (Vickers, 2004). Os cancros podem afetar outros animais para além dos seres humanos e também as plantas (Kleinsmith, 2006).

1-2-Etiologia do cancro

O cancro é uma classe de doenças que diferem muito nas suas causas e biologia. O traço comum a todos os cancros conhecidos é a aquisição de anomalias no material genético da célula cancerosa e da sua descendência (Merlo *et al.*, 2006). Os agentes infecciosos, as substâncias químicas e os factores físicos têm sido todos associados à causa da doença e do cancro (Carbone *et al.*, 2004).

1-2-1-Carcinogéneos químicos

As substâncias que causam mutações no ADN são conhecidas como mutagénicas, e as mutagénicas que causam cancro são conhecidas como cancerígenas (Cartmel *et al.*, 1997). Determinadas substâncias têm sido associadas a tipos específicos de cancro. O tabagismo está associado ao cancro do pulmão e ao cancro da bexiga. A exposição prolongada a fibras de amianto está associada ao mesotelioma. Muitos agentes mutagénicos são também agentes cancerígenos, mas alguns agentes cancerígenos não são mutagénicos (Danaei *et al.*, 2005). O álcool é um exemplo de um carcinogéneo químico que não é mutagéneo. Pensa-se que estes produtos químicos promovem o cancro através do seu efeito estimulante sobre a taxa de mitose celular. Taxas mais rápidas de mitose deixam menos tempo para as enzimas de reparação repararem o ADN danificado durante a replicação do ADN, aumentando a probabilidade de um erro genético. Um erro cometido durante a mitose pode levar a que as células filhas recebam o número errado de cromossomas (Danaei *et al.*, 2005).

De acordo com Fong e seus colaboradores (2001), muitos carcinogéneos químicos não são carcinogéneos, mas são metabolizados por várias enzimas do citocromo P450 com especificidades de substrato caraterísticas, mas muitas vezes sobrepostas, em electrófilos quimicamente reactivos que reagem com o ADN antes de iniciarem uma resposta carcinogénea. Além disso, os carcinogéneos e anticarcinogéneos podem ter efeitos diferentes em situações diferentes. Como demonstrado pelo exemplo da adição de B-caroteno na dieta, o B-caroteno tem efeitos quimiopreventivos em muitos sistemas experimentais (Evans e Mueller, 1990).

1-2-2-Factores físicos

Foram associados à carcinogénese factores físicos específicos (DeVita *et al.*, 1997). As fontes de radiação ionizante, como o gás radão, podem causar cancro (Weisburger *et al.*, 1995). Little (2000) concluiu que a natureza universal da radiação como agente cancerígeno está relacionada com uma caraterística específica da radiação ionizante que a diferencia de outros agentes cancerígenos físicos.

A exposição prolongada à radiação ultravioleta do sol pode levar ao melanoma e a outras doenças malignas da pele (Samuelson *et al.*, 1999).

Foi demonstrado que a radiação pode, por si só, induzir um tipo de instabilidade genómica nas células, o que aumenta a taxa de ocorrência de mutações e outras alterações genéticas nos descendentes da célula irradiada após muitas gerações de replicação. A irradiação direcionada para o citoplasma produz um aumento significativo da frequência das mutações (Little, 2000). A irradiação demonstrou que o risco de desenvolver carcinoma de células escamosas num local exposto ao sol (pele). Os raios X, por si só, podem afetar a neoplasia. Foi demonstrado que a irradiação interna de material radioativo induz muitos tipos de tumores (Danaei *et al.*, 2005; Ma'at-RA, 2006). A inalação de fibras tóxicas de amianto pode causar doenças graves, incluindo mesotelioma maligno, cancro do pulmão e asbestose (Leonelli *et al.*, 2006). O amianto foi classificado como um conhecido agente cancerígeno para o ser humano, tendo alguns estudos sugerido uma associação entre a exposição ao amianto e os cancros gastrointestinais e colorrectais, bem como um risco elevado de cancros da garganta, dos rins, do esófago e da vesícula biliar (Laden *et al.*, 2004). A indústria do urânio que continua a correr um risco acrescido de desenvolver cancros do pulmão. As doenças respiratórias malignas nos mineiros de urânio podem ser causadas por várias exposições; por exemplo, os produtos de decaimento do rádon, a sílica e, possivelmente, os gases de escape do gasóleo são carcinogéneos respiratórios que foram encontrados com frequência (Mulloy *et al.*, 2001).

1-2-3-Factores biológicos

1-2-3-1-Infeção viral

Alguns cancros podem ser causados por infeção com agentes patogénicos (Pagano *et al.*, 2004). Muitos cancros têm origem numa infeção viral; isto é especialmente verdade em animais como as aves, mas também nos seres humanos, uma vez que os vírus são responsáveis por 15% dos cancros humanos em todo o mundo. Os principais vírus associados aos cancros humanos são o papilomavírus humano, os vírus da hepatite B e da hepatite C, o vírus Epstein-Barr e o vírus linfotrópico T humano. A literatura apresenta um papel causal para os vírus e estes parecem ser o segundo fator de risco mais importante para o desenvolvimento do cancro nos seres humanos, apenas ultrapassado pelo consumo de tabaco (Hausen,1991; Gross, 1997). Os vírus do papiloma humano (HPV), transmitidos sexualmente, estão associados ao cancro do útero nas mulheres. São os agentes causadores de cancros humanos, incluindo os do colo do útero e também da cabeça e do pescoço (Taylor *et al.*, 2003).

O modo de indução de tumores por vírus pode ser dividido em dois: transformação aguda ou transformação lenta. Nos vírus de transformação aguda, o vírus transporta um oncogene hiperativo denominado oncogene viral (v-onc), e a célula infetada é transformada assim que o v-onc é expresso. Em contrapartida, nos vírus de transformação lenta, o genoma do vírus é inserido perto de um proto-oncogene no genoma do hospedeiro. O promotor viral ou outros elementos de regulação da transcrição provocam então a sobre-expressão desse proto-oncogene. Isto induz uma divisão celular descontrolada. Uma vez que o local de inserção não é específico dos proto-oncogenes e a probabilidade de inserção perto de qualquer proto-oncogene é baixa, os vírus de transformação lenta causam tumores muito mais tempo após a infeção do que os vírus de transformação aguda (Moynihan, 2008). Hausen (1991) sugere que os vírus da hepatite, incluindo a hepatite B e a hepatite C, podem induzir uma infeção viral crónica que conduz ao cancro do fígado em 0,47% dos doentes com hepatite B por ano e em 1,4% dos portadores de hepatite C por ano. A cirrose hepática, quer seja causada por uma infeção crónica por hepatite viral ou por alcoolismo, está associada ao desenvolvimento de cancro do fígado, e a combinação de cirrose e hepatite viral apresenta o maior risco de desenvolvimento de cancro do fígado.

1-2-3-2-Infeção bacteriana

Os investigadores notaram uma ligação entre as bactérias e certos tipos de cancro. O exemplo mais proeminente é a ligação entre a infeção crónica da parede do estômago por *Helicobacter pylori* e o cancro gástrico (Peter e Beglinger, 2007; Wang *et al.*, 2007). Cheung e os seus colegas (2007) afirmaram que, embora apenas uma minoria das pessoas infectadas com *Helicobacter* venha a desenvolver cancro, uma vez que este agente patogénico é bastante comum, é provavelmente responsável pela maioria destes cancros. *A Helicobacter pylori* causa carcinogénese indireta ao promover uma resposta inflamatória crónica que impulsiona o crescimento do tumor. As diferenças entre as estirpes microbianas *de Helicobacter pylori* e os polimorfismos do hospedeiro parecem ser sinérgicos na causa do adenocarcinoma do estômago. Por conseguinte, os indivíduos de determinados genótipos e portadores de determinadas estirpes correm um risco mais elevado de desenvolver cancro gástrico (Wakisaka *et al.*, 2004).

1-2-3-3- Infeção parasitária

Um problema com as infecções parasitárias é que os parasitas são bons a esconderem-se e podem ser difíceis de encontrar no corpo. Outros factores que podem contribuir para o desenvolvimento do cancro da bexiga incluem a infeção da bexiga com o parasita *Schistosoma haematobium*, Outros possíveis factores de risco incluem a colite ulcerosa; infestação por parasitas do fígado; O cancro das vias biliares pode ocorrer mais frequentemente em doentes com antecedentes de colangite esclerosante primária, colite ulcerosa crónica, quistos do colédoco ou infecções com o parasita Clonorchis sinensis. (Fraumeni *et al.*, 2006).

Koontz e Hinze (1999) expuseram que os parasitas são organismos que crescem, se alimentam e se abrigam noutro organismo sem contribuir para a sobrevivência do hospedeiro. Habitam o trato gastrointestinal causando muitos problemas de saúde porque segregam toxinas e sugam os nutrientes do corpo. Os parasitas estão normalmente associados à SIDA, à fadiga crónica, à síndrome do intestino irritável, ao cancro e à *candidíase*. As pessoas com cancro podem ser afectadas por vermes, que se juntam para formar massas semelhantes a tumores (Koontz e Hinze, 1999).

Clark (1998) afirmou que todos os cancros são iguais e todos são causados por um único parasita (*fasciolopsis buskii*), o mesmo parasita que também causa o HIV e a SIDA. Se o parasita mata, o parasita é capaz de invadir outras partes do corpo, como o fígado, o útero ou os rins, e pode causar cancro se o corpo do hospedeiro não for capaz de processar corretamente o álcool isopropílico, ou o álcool comum para esfregar. Os investigadores relacionaram algumas formas de úlceras e cancros do estômago com o parasita "Helio Bactor" (Kumar *et al.*, 2003). Cerca de um em cada cinco cancros do fígado são colangiocarcinomas, que surgem de ramos dos canais biliares localizados no fígado. Certos parasitas do fígado são factores de risco reconhecidos para este tipo de cancro do fígado (Fraumeni *et al.*, 2006).

1-2-3-4- Infeção fúngica

Na verdade, uma série de géneros alimentícios contém toxinas fúngicas. As micotoxinas são metabolitos fúngicos tóxicos que são estruturalmente diversos. No entanto, são contaminantes comuns dos ingredientes dos alimentos para animais e para consumo humano. Os seus efeitos podem ser transmitidos da alimentação animal para o animal e para o ser humano. Até à data, as micotoxinas com potência carcinogénica em modelos animais experimentais incluem as aflatoxinas, *a* esterigmatocistina, a ocratoxina, as fumonisinas, a zearalenona e algumas toxinas de penicillium (Maki *et al.*, 2001). B1, contam-se entre os carcinogéneos mais potentes e foram especificamente associadas a uma elevada incidência de carcinoma hepatocelular em certas partes de África (Denissenko *et al.*, 2000).

O álcool é um metabolito tóxico produzido por fungos e as condições que produz são de natureza tão micotóxica como o ergotismo ou a aflatoxicose (Udagawa, 2005).

Gdanski (2003) mencionou que os fungos produzem enzimas fúngicas que impedem a tricotomia e a cicatrização. O processo de reparação da lesão inicia o crescimento rápido e a falta de cicatrização mantém-no. A malignidade depende da taxa de crescimento dos fungos. O cancro é uma doença fúngica totalmente natural. O cancro ocorre na matriz extracelular das células quando as enzimas e os tecidos fúngicos bloqueiam o crescimento e a cura normais. **1-2-4-Desequilíbrios hormonais**

Algumas hormonas podem atuar de forma semelhante aos carcinogéneos não mutagénicos, na medida em que podem estimular o crescimento excessivo das células. Um exemplo bem estabelecido é o papel dos estados hiperestrogénicos na promoção do cancro do endométrio (Berstein *et al.*, 2006). Estudos recentes sugerem que a inflamação está causalmente ligada à carcinogénese. A ciclo-oxigenase-2 (COX-2), uma enzima que limita a taxa de biossíntese das prostaglandinas, é expressa de forma inadequada em vários cancros e, por conseguinte, reconhecida como uma das caraterísticas das doenças malignas associadas à inflamação crónica (Kim *et al.*, 2008).

Estudos em animais e humanos indicam claramente um papel da prolactina (PRL) na proliferação, diferenciação e tumorigénese do epitélio da mama (Henderson *et al.*, 2000). As mulheres com níveis circulantes de PRL mais elevados têm um risco acrescido de cancro da mama, o que sugere que a variabilidade da PRL pode também ser importante na determinação do risco da mulher (Lee *et al.*, 2007). **1-2-5- Disfunção do sistema imunitário**

O vírus da imunodeficiência humana (VIH) está associado a uma série de doenças malignas, incluindo o sarcoma de Kaposi, o linfoma não Hodgkin e as doenças malignas associadas ao HPV do papilomavírus humano, como o cancro anal e o cancro do colo do útero. As doenças que definem a SIDA há muito que incluem estes diagnósticos. O aumento da incidência de neoplasias malignas nos doentes infectados pelo vírus do papiloma humano (VIH) aponta para a quebra da vigilância imunitária como uma possível etiologia do cancro (Wood e Harrington, 2005). Alguns outros estados de imunodeficiência (por exemplo, imunodeficiência comum variável e deficiência de IgA) estão também associados a um risco acrescido de malignidade (Mellemkjaer *et al.*, 2002).

1-2-6 Factores genéticos

Os genes, enquanto unidades básicas da hereditariedade, desempenham dois papéis nos cancros: alguns contribuem para o desenvolvimento do cancro e outros protegem os indivíduos do cancro (Park *et al.*, 2003; Gdanski, 2003). Bakker e os seus colaboradores (2005) concluíram que é necessária uma acumulação de muitas mutações em diferentes genes que ocorrem num grupo específico de células ao longo do tempo para causar malignidade. Os diferentes tipos de genes, que quando sofrem mutações, podem levar ao desenvolvimento de cancro. No entanto, as mutações podem ser causadas por agentes cancerígenos (Pierotti *et al.*, 2000; Rosenberg *et al.*, 2002).

De acordo com Slattery e seus colaboradores (1998), existem, no entanto, vários síndromes de cancro reconhecidos com uma componente hereditária, frequentemente um alelo supressor de tumor defeituoso. Exemplos famosos são:

1. Certas mutações hereditárias nos genes *BRCA1* e *BRCA2* estão associadas a um risco elevado de cancro da mama e cancro do ovário.
2. Tumores de vários órgãos endócrinos na neoplasia endócrina múltipla.
3. Síndrome de Li-Fraumeni (vários tumores, como osteossarcoma, cancro da mama, sarcoma dos tecidos moles, tumores cerebrais) devido a mutações do *p53*.
4. Síndrome de Turcot (tumores cerebrais e polipose do cólon)
5. A polipose adenomatosa familiar é uma mutação hereditária do gene APC que conduz ao aparecimento

precoce de carcinoma do cólon.

6. O cancro colorrectal hereditário sem polipose (HNPCC, também conhecido como síndrome de Lynch) pode incluir casos familiares de cancro do cólon, cancro do útero, cancro gástrico e cancro do ovário, sem uma preponderância de pólipos do cólon.
7. O retinoblastoma, quando ocorre em crianças pequenas, deve-se a uma mutação hereditária no gene do retinoblastoma.
8. Sabe-se que os doentes com síndrome de Down, que têm um cromossoma 21 a mais, desenvolvem doenças malignas como a leucemia e o cancro dos testículos, embora as razões para esta diferença não sejam bem compreendidas.

1-2-6-1- Oncogénios

Os oncogenes foram originalmente identificados como os homólogos celulares dos genes transformadores transportados pelos vírus tumorais de ARN transformadores; os oncogenes têm sequências de ADN idênticas (Putral *et al.*, 2005). Os oncogenes estão normalmente presentes nas células dos mamíferos e um retrovírus adquiriu oncogenes do genoma eucariótico (Kufe *et al.*, 2003). A via para o crescimento celular normal começa com o fator de crescimento, que se liga a um recetor do fator de crescimento. O sinal do recetor é enviado através de um transdutor de sinal. É produzido um fator de transcrição, que faz com que a célula comece a dividir-se. Se for detectada alguma anomalia, a célula é levada a cometer suicídio através de um regulador de morte celular programada (Ringer *et al.*, 2001). Os oncogenes promovem o crescimento celular de várias formas. Muitos podem produzir hormonas, um "mensageiro químico" entre células que estimula a mitose, cujo efeito depende da transdução de sinal do tecido ou células receptoras. Por outras palavras, quando um recetor hormonal numa célula recetora é estimulado, o sinal é conduzido da superfície da célula para o núcleo da célula para efetuar alguma alteração na regulação da transcrição do gene a nível nuclear (Fodde e Smits., 2002).

Fodde e Smits (2002) provaram que alguns oncogenes fazem parte do próprio sistema de transdução de sinais, ou dos receptores de sinais nas células e nos próprios tecidos, controlando assim a sensibilidade a essas hormonas. Os oncogenes produzem frequentemente mitogénios ou estão envolvidos na transcrição da síntese proteica do ADN, que cria as proteínas e enzimas responsáveis pela produção dos produtos e bioquímicos que as células utilizam e com os quais interagem. As mutações nos proto-oncogenes, que são as contrapartes normalmente quiescentes dos oncogenes, podem modificar a sua expressão e função, aumentando a quantidade ou a atividade da proteína do produto (Hanahan e Weinberg, 2000). Quando isto acontece, os proto-oncogenes tornam-se oncogenes, e esta transição perturba o equilíbrio normal da regulação do ciclo celular na célula, tornando possível o crescimento descontrolado, não sendo possível reduzir a probabilidade de cancro removendo os proto-oncogenes do genoma (Merlo *et al.*, 2006).

Croce (2008) expôs que a ativação de oncogenes por rearranjos cromossómicos, mutações e amplificação de genes confere uma vantagem de crescimento ou um aumento da sobrevivência das células portadoras dessas alterações. Todos os três mecanismos causam uma alteração na estrutura do oncogene ou um aumento ou desregulação da sua expressão. As inversões e translocações cromossómicas são anomalias citogenéticas comuns nas células cancerosas. Nos cancros hematopoiéticos e nos tumores sólidos, as translocações e as inversões aumentam ou desregulam a transcrição do oncogene (Pawson e Warner, 2007). Quando um oncogene é ativado por mutação, a estrutura da proteína codificada é alterada de forma a aumentar a sua atividade transformadora. Muitos tipos de mutação ocorrem nos oncogenes, como é o caso dos oncogenes *RAS* (Shaulian e Karin, 2001). Um exemplo de amplificação de genes, que geralmente ocorre durante a progressão do tumor, é a amplificação do gene da dihidrofolato redutase (*DHFR*) na leucemia linfoblástica aguda resistente ao metotrexato. Só quando sofrem mutações é que os sinais de crescimento se tornam excessivos (Tannock *et al.*, 2005).

Chang e a sua equipa (1982) observaram que um dos primeiros oncogenes a ser definido na investigação do cancro é o oncogene *ras*. As mutações na família *Ras* de proto-oncogenes (que inclui *o H-Ras*, o *N-Ras* e *o K-Ras*) são muito comuns, encontrando-se em 20% a 30% de todos os tumores humanos (Bos, 1989). *O Ras* foi originalmente identificado no genoma do vírus do sarcoma de Harvey e os investigadores ficaram surpreendidos com o facto de não só este gene estar presente no genoma humano, mas também de, quando ligado a um elemento de controlo estimulante, poder induzir cancros em culturas de linhas celulares.

1-2-6-2-Genes supressores de tumor

De acordo com Carbone e seus colegas (2004), um gene supressor de tumor é um gene que sofre uma mutação que causa uma perda ou redução da sua função, podendo a célula progredir para cancro (Timofeeva *et al.*, 2006). Os genes supressores de tumores foram identificados pela primeira vez através da criação de híbridos celulares entre células tumorais e normais. Em algumas ocasiões, um cromossoma da célula normal reverteu o fenótipo transformado. Foi demonstrado que vários cancros familiares estão associados à perda de função de um gene supressor de tumores (Sherr, 2004). A função das proteínas supressoras de tumores divide-se em várias categorias, incluindo as seguintes (Yoshida *et al.*, 2000; Hirohashi e Kanai, 2003):

1. Genes de repressão - que são essenciais para a continuação do ciclo celular. Se estes genes não forem expressos, o ciclo celular não continuará, inibindo efetivamente a divisão celular.

2. Associando o ciclo celular aos danos no ADN, enquanto houver ADN danificado na célula, esta não se deve dividir. Se os danos puderem ser reparados, o ciclo celular pode continuar.

3. Se os danos não puderem ser reparados, a célula deve iniciar a apoptose, ou morte celular programada, para eliminar a ameaça que representa para o bem maior do organismo.

4. Algumas proteínas envolvidas na adesão celular impedem as células tumorais de se dispersarem, bloqueiam a inibição da perda de contacto e inibem a metástase. Estas proteínas são conhecidas como supressores de metástases.

Os genes supressores de tumores codificam sinais anti-proliferação e proteínas que suprimem a mitose e o crescimento celular. Os supressores tumorais são factores de transcrição que são activados por stress celular ou danos no ADN. A função destes genes é parar a progressão do ciclo celular para efetuar a reparação do ADN, evitando que as mutações sejam transmitidas às células filhas (Baker *et al.*, 1990). Park e os seus colegas (2003) provaram que quando os genes supressores de tumores não funcionam corretamente, as células podem crescer fora de controlo, o que pode levar ao cancro. Foram identificados cerca de 30 genes supressores de tumores, incluindo *p53*, *BRCA1*, *BRCA2*, *APC* e *RB1* (Park *et al.*, 2003).

A primeira proteína supressora de tumores descoberta foi a proteína do retinoblastoma (pRb) no retinoblastoma humano. Outro importante supressor de tumores é a proteína supressora de tumores P53, codificada pelo gene *TP53*. A perda homozigótica da *p53* encontra-se em 70% dos cancros do cólon, 30-50% dos cancros da mama e 50% dos cancros do pulmão. A mutação *do p53* está também envolvida na fisiopatologia das leucemias, linfomas, sarcomas e tumores neurogénicos. As anomalias do gene *p53* podem ser herdadas na síndrome de Li-Fraumeni (LFS), que aumenta o risco de desenvolvimento de vários tipos de cancro (Yoshida *et al.*, 2000). A proteína p53, um dos mais importantes genes supressores de tumores estudados, é um fator de transcrição ativado por muitos factores de stress celular, incluindo a hipoxia e os danos causados pela radiação ultravioleta. *A p53* tem claramente duas funções: uma nuclear, como fator de transcrição, e outra citoplasmática, que regula o ciclo celular, a divisão celular e a apoptose (Chen *et al.*, 2002; Matoba *et al.*, 2006).

A consequência invariável desta situação é a inibição da reparação do ADN; os danos no ADN acumulam-se sem reparação, conduzindo ao cancro. Os tipos de tumores são típicos para cada tipo de mutação do gene supressor de tumores, sendo que algumas mutações causam cancros específicos (Knudson, 1971).

1-2-6-3- Genes de reparação do ADN

A reparação do ADN refere-se a um conjunto de processos através dos quais uma célula identifica e corrige danos nas moléculas de ADN que codificam o seu genoma (Lodish *et al.*, 2004; Kunstmann *et al.*, 2004).

Lodish e a sua equipa (2004) chegaram à conclusão de que as células não podem funcionar se os danos no ADN corromperem a integridade e a acessibilidade da informação essencial no genoma (mas as células permanecem superficialmente funcionais quando os chamados genes "não essenciais" estão em falta ou danificados). Sem acesso a um modelo, as células utilizam como último recurso um mecanismo de recuperação propenso a erros, conhecido como síntese de lesões trans.

Qingyi e Chen (2007) verificaram que os danos no ADN alteram a configuração espacial da hélice e que essas alterações podem ser detectadas pela célula. Uma vez localizado o dano, moléculas específicas de reparação do ADN ligam-se no local ou perto do local do dano, induzindo outras moléculas a ligarem-se e a formarem um complexo que permite a reparação efectiva.

Dolle e os seus colaboradores (2006) explicaram que as mutações hereditárias que afectam os genes de reparação do ADN estão fortemente associadas a riscos elevados de cancro nos seres humanos, que estão fortemente associados a mutações específicas na via de reparação do ADN.

As duas famosas mutações *BRCA1* e *BRCA2*, que conferem aos seus portadores um risco extremamente elevado de cancro da mama, estão ambas associadas a um grande número de vias de reparação do ADN. É importante distinguir entre danos no ADN e mutação, os dois principais tipos de erro no ADN (Spindler, 2005). Os danos no ADN e as mutações são fundamentalmente diferentes. Os danos são anomalias físicas no ADN, tais como quebras de cadeia simples e dupla (Ohta *et al.*, 2006). Os danos no ADN podem ser reconhecidos por enzimas e, por isso, podem ser corretamente reparados se houver informação redundante. Em contraste com os danos no ADN, uma mutação é uma alteração na sequência de bases do ADN. Uma mutação não pode ser reconhecida pelas enzimas quando a alteração da base está presente em ambas as cadeias de ADN, pelo que não pode ser reparada (Budman e Chu, 2005). Embora distintamente diferentes entre si, os danos no ADN e as mutações estão relacionados, porque os danos no ADN causam frequentemente erros na síntese do ADN durante a replicação ou a reparação e estes erros são uma fonte importante de mutação (Boulton e Jackson, 1996; Zahradka *et al.*, 2006).

Qingyi e Chen (2007) descobriram que as pessoas com uma doença chamada xeroderma pigmentosum têm um defeito hereditário num gene de reparação do ADN. Como resultado, não conseguem reparar eficazmente os danos no ADN que normalmente ocorrem quando as células da pele são expostas à luz solar, pelo que apresentam uma incidência anormalmente elevada de cancro da pele. Certas formas de cancro do cólon hereditário também envolvem defeitos na reparação do ADN.

1-2-7- Outras causas

Verificou-se que alguns tipos de cancro em não humanos são causados pelas próprias células tumorais. Este fenómeno é observado em cães com sarcoma de Sticker, também conhecido como tumor venéreo transmissível canino (Murgia *et al.*, 2006), bem como com a doença do tumor facial Devil nos diabos da Tasmânia. O análogo mais próximo conhecido desta doença nos seres humanos são os indivíduos que desenvolveram cancro a partir de tumores escondidos no interior de transplantes de órgãos.

No entanto, houve várias observações que não estavam em conformidade com este conceito: a linfomatose das galinhas, o sarcoma das galinhas e o carcinoma do rim da rã podiam ser transmitidos de um animal para outro da mesma espécie através de extractos filtrados sem células; o carcinoma mamário dos ratos podia ser transmitido das mães para as filhas através do leite (Gross, 1983). Pensava-se que a leucemia do ratinho era de origem "genética" e não era transmissível por filtrados; a leucemia do ratinho é causada por um vírus ARN filtrável, que provoca leucemia e linfomas, após inoculação em ratinhos recém-nascidos (Gross, 1951) ou ratos (Gross, 1961). Após passagem em série, a potência deste vírus pode ser substancialmente aumentada, comparável ao "vírus fixo" de Pasteur da raiva em cães. Em condições naturais de vida, o vírus da leucemia do rato é transmitido de uma geração para outra, através dos embriões (Gross, 1953).

1-3: Carcinogénese

A carcinogénese é um processo com várias etapas caracterizado por alterações genéticas que influenciam as principais vias celulares envolvidas no crescimento e no desenvolvimento. Os oncogenes referem-se aos genes cujas alterações causam efeitos de ganho de função, enquanto os genes supressores de tumores causam efeitos de perda de função que contribuem para o fenótipo maligno (Weitzman e Gordon, 1990; Kruger *et al.*, 2007).

O cancro pode ser desencadeado por uma variedade de factores. As células dividem-se então para formar células anormais, sem controlos genéticos normais (Yang *et al.*, 2007).

O sistema imunitário do organismo não responde adequadamente, não destruindo as células aberrantes (cancerosas) (Kushman *et al.*, 2007). As células cancerosas competem com as células normais pela nutrição. Além disso, as células cancerosas podem migrar para a corrente sanguínea ou para o sistema linfático, que é a principal causa da formação de uma metástase (Suzuki *et al.*, 2008).

O agente é um iniciador ou um promotor. "Um agente cancerígeno é um agente que provoca tumores ou um agente que simplesmente desempenha um papel no desenvolvimento do tumor (Roushdy-Hammady *et al.*, 2001; Hahn *et al.*, 2002; Kushman *et al.*, 2007).

Cui e os seus colegas (2003) pensaram que a carcinogénese requer a ativação ou a inativação das vias. A modificação epigenética das células normais é responsável pelo aumento do risco de cancro dependente da idade.

Cada célula contém cópias maternas e paternas de todos os genes, exceto os que residem nos cromossomas sexuais (Suzuki *et al.*, 2008). No entanto, devido a um fenómeno denominado imprinting genómico, nem todos os genes são expressos de forma bialélica (Miyamoto *et al.*, 2008). Os genes impressos desempenham um papel importante na embriogénese e, recentemente, também se demonstrou que estão mecanicamente envolvidos na carcinogénese (Muller *et al.*, 2008). A lista crescente de genes impressos implicados na formação de tumores inclui tanto um gene de fator de crescimento como um gene recetor de fator de crescimento (Souza *et al.*, 1997).

O processo pelo qual um tecido normal se torna maligno é um processo de evolução somática dentro do corpo (Nowell, 1976). A maior parte das alterações do metabolismo celular que permitem o crescimento desordenado das células conduzem à morte celular (Derks *et al.*, 2008). Piao e a sua equipa (2008) acreditam que as células cancerígenas passam por um processo de seleção natural, na medida em que as poucas células com novas alterações genéticas que melhoram a sua sobrevivência ou reprodução continuam a multiplicar-se e rapidamente passam a dominar o tumor em crescimento. Estas alterações biológicas são clássicas nos carcinomas.

As diferentes etapas não representam necessariamente mutações individuais. A inativação de um único gene, que codifica a proteína P53, provoca instabilidade genómica, evasão da apoptose e aumento da angiogénese (Merlo *et al.*, 2006).

A resposta celular aos danos no ADN é composta por mecanismos do ciclo celular e de reparação do ADN que servem para assegurar a replicação correta do genoma antes da divisão celular (Yang *et al.*, 2007). Knudson (2001) explicou a função da resposta a danos no ADN durante a replicação do ADN em forma de S, que suprime a iniciação ou o alongamento da replicação em resposta a danos no ADN. A presença de numerosas alterações cromossómicas e mutações pontuais nos tumores está bem estabelecida. Pelo menos algumas destas alterações desempenham um papel no desenvolvimento dos tumores (Kubota *et al.*, 2008). Foi sugerido que o número destas alterações genéticas exige que a tumorigénese envolva um aumento da taxa de mutação (Zhang *et al.*, 2005). No entanto, a presença de numerosas alterações também pode ser explicada por uma seleção eficiente. Para determinar se o supressor de tumores *TP53* (que codifica a proteína p53) é hipermutável em alguma fase da carcinogénese (Strauss, 1998).

1-4- Patologia celular da oncologia

Muitas vezes, as alterações que resultam em cancro podem levar muitos anos a acumular-se. Durante este tempo, as células pré-malignas mudam lentamente das propriedades das células normais para propriedades semelhantes às do cancro. O tecido pré-maligno pode ter um aspeto distinto ao microscópio (Kleinsmith, 2006). Entre os traços distintivos estão o aumento do número de células em divisão, a variação do tamanho e da forma do núcleo, a variação do tamanho e da forma das células, a perda de caraterísticas celulares especializadas e a perda da organização normal dos tecidos (Robert e Weinberg, 1996).

Mostofi e Sesterhenn (1984) expuseram que a displasia é um tipo anormal de proliferação celular excessiva caracterizada pela perda da disposição normal dos tecidos e da estrutura celular em células pré-malignas. Estas alterações neoplásicas precoces devem ser distinguidas da hiperplasia, um aumento reversível da divisão celular causado por um estímulo externo. Os casos mais graves de displasia são designados por carcinoma. Assim, o carcinoma refere-se a um crescimento descontrolado de células que permanece no local original e não apresenta invasão noutros tecidos.

Além disso, os tumores sólidos não podem crescer para além de dois milímetros de diâmetro sem novos vasos sanguíneos minúsculos que os alimentem. Ao fechar estes vasos sanguíneos, os compostos anti-angiogénicos podem reduzir grandes tumores em animais a um tamanho microscópico (Tannock *et al.*, 2005).

1-5: Tratamento do cancro

1-5-1- Cirurgia

Em teoria, os cancros não hematológicos podem ser curados se forem totalmente removidos por cirurgia, mas isso nem sempre é possível. Quando o cancro já metastizou para outros locais do corpo antes da cirurgia, a excisão cirúrgica completa é normalmente impossível (Chabner *et al.*, 1998). Por exemplo, na progressão do cancro, os tumores crescem localmente e depois espalham-se para os gânglios linfáticos e depois para o resto do corpo. Este facto deu origem à popularidade dos tratamentos apenas locais, como a cirurgia para pequenos cancros. Mesmo os pequenos tumores localizados são cada vez mais reconhecidos como tendo potencial metastático, pelo que os procedimentos cirúrgicos para o cancro incluem a mastectomia para o cancro da mama e a prostatectomia para o cancro da próstata. O objetivo da cirurgia pode ser a remoção apenas do tumor ou de todo o órgão. (Clark *et al.*, 1992; Hughes *et al.*, 2004).

Fyles e a sua equipa (2004) referiram que uma única célula cancerígena é invisível a olho nu, mas pode voltar a crescer e dar origem a um novo tumor, um processo designado por recidiva. Para além da remoção do tumor primário, a cirurgia é muitas vezes necessária para o estadiamento, por exemplo, para determinar a extensão da doença e se esta metastizou para os gânglios linfáticos regionais. O estadiamento é um fator determinante do prognóstico e da necessidade de terapêutica adjuvante. Ocasionalmente, é necessária uma intervenção cirúrgica para controlar os sintomas, como a compressão da medula espinal ou a obstrução intestinal. Este tratamento é designado por tratamento paliativo (Blichert *et al.*, 1992).

1-5-2- Radioterapia (fisioterapia)

A radioterapia (também designada por radioterapia, radioterapia ou irradiação) é a utilização de radiações ionizantes para matar as células cancerosas e reduzir os tumores. A radioterapia pode ser administrada externamente através da radioterapia de feixe externo (EBRT) ou internamente através da braquiterapia (Owen *et al.*, 2006). Whelan e os seus colegas (2000) mencionaram que os efeitos da radioterapia são localizados e confinados à região que está a ser tratada. A radioterapia fere ou destrói as células na área que está a ser tratada (o "tecido alvo") ao danificar o seu material genético, impossibilitando que essas células continuem a crescer e a dividir-se (Whelan *et al.*, 2000).

Embora a radiação danifique tanto as células cancerosas como as células normais, a maioria das células normais consegue recuperar dos efeitos da radiação e funcionar corretamente. O objetivo da radioterapia é danificar o maior número possível de células cancerígenas, limitando os danos nos tecidos saudáveis próximos. Por isso, é administrada em muitas fracções, permitindo que o tecido saudável recupere entre fracções (Whelan *et al.*, 2002).

A radioterapia pode ser utilizada para tratar quase todos os tipos de tumores sólidos, incluindo cancros do cérebro, da mama, do colo do útero, da laringe, do pulmão, do pâncreas, da próstata, da pele, do estômago, do útero ou sarcomas dos tecidos moles (Kumar *et al.*, 2005). A radiação é também utilizada para tratar a leucemia e o linfoma. A dose de radiação em cada local depende de uma série de factores, incluindo a radiossensibilidade de cada tipo de cancro e a existência de tecidos e órgãos próximos que possam ser danificados pela radiação. Assim, tal como acontece com todas as formas de tratamento, a radioterapia tem os seus efeitos secundários (Smith e Ross, 2004).

1-5-3: Quimioterapia

A quimioterapia é o tratamento do cancro com medicamentos ("medicamentos anticancerígenos") que podem destruir as células cancerígenas. Na utilização atual, o termo "quimioterapia" refere-se geralmente a medicamentos citotóxicos que afectam as células que se dividem rapidamente. Os medicamentos de quimioterapia interferem com a divisão celular de várias formas possíveis, por exemplo, com a duplicação do ADN ou com a separação de cromossomas recém-formados (Berry *et al.*, 2002). Schmid e os seus colegas (2005) provaram que a maioria das formas de quimioterapia visa todas as células que se dividem rapidamente e não é específica para as células cancerosas, embora algum grau de especificidade possa resultar da incapacidade de muitas células cancerosas repararem os danos no ADN, enquanto as células normais geralmente o conseguem fazer.

As células humanas utilizam ácido fólico nos seus processos químicos de produção de ADN. Se a fábrica química de produção de ADN pudesse ser desactivada, interferindo no processo químico, como aconteceu com os micróbios, o processo de divisão e crescimento celular poderia ser abrandado ou mesmo interrompido (Ralph *et al.*, 1999). Assim, a quimioterapia tem o potencial de prejudicar os tecidos saudáveis, especialmente os tecidos que têm uma elevada taxa de substituição (por exemplo, o revestimento intestinal). Estas células normalmente reparam-se a si próprias após a quimioterapia. Como alguns medicamentos actuam melhor em conjunto do que isoladamente, é frequente administrarem-se dois ou mais medicamentos ao mesmo tempo. A maioria dos regimes de quimioterapia é administrada em combinação (Hensley *et al.*, 1999).

Ibarra e a sua equipa (2007) pensaram que a administração de ciclofosfamida na amostra de células de ratinho tinha o efeito de enriquecer estas células, o que sugere que se analise cuidadosamente estas terapias em sistemas modelo para ver se os efeitos na cultura de células se reflectem em tumores reais e, depois, para avaliar o efeito que isso tem na metástase e na recidiva após a terapia.

1-5-4: Imunoterapia

A imunoterapia contra o cancro refere-se a um conjunto diversificado de estratégias terapêuticas destinadas a induzir o sistema imunitário do próprio doente a combater o tumor (Rosenberg, 1984). De acordo com Slavin (1990), os métodos contemporâneos para gerar uma resposta imunitária contra os tumores incluem a imunoterapia intravesical com BCG para o cancro superficial da bexiga e a utilização de interferões e outras citocinas para induzir uma resposta imunitária em doentes com carcinoma de células renais e melanoma. As vacinas para gerar respostas imunitárias específicas são objeto de investigação intensiva para uma série de tumores, nomeadamente o melanoma maligno e o carcinoma de células renais. O Sipuleucel-T é uma estratégia do tipo vacina em fase final de ensaios clínicos para o cancro da próstata, em que as células dendríticas do doente são carregadas com péptidos de fosfatase ácida prostática para induzir uma resposta imunitária específica contra as células derivadas da próstata (Truitt e Atasoylu, 1991). De acordo com Samuel (1992), o transplante alogénico de células estaminais hematopoiéticas ("transplante de medula óssea" de um dador geneticamente não idêntico) pode ser considerado uma forma de imunoterapia, uma vez que as células imunitárias do dador atacam frequentemente o tumor, num fenómeno conhecido como efeito enxerto-versus-tumor. Os tratamentos, que vacinariam os doentes com cancro contra as suas células malignas, poderiam conduzir a uma terapia personalizada mais precoce para combater o linfoma folicular de células B, uma doença maligna do sistema imunitário diagnosticada em cerca de 16 000 pessoas por ano (Slavin, 1992).

1-5-5: Terapia hormonal

Honig e os seus colegas (1996) observaram que no final do século XIX e no início do século XX se assistiu a uma expansão do trabalho científico sobre as hormonas e os seus efeitos no corpo. Foi nesta altura que os cientistas notaram pela primeira vez que os cancros da mama nas mulheres diminuíam quando lhes eram retirados os ovários. Os ovários produzem duas hormonas poderosas, o estrogénio e a progesterona. Também foi demonstrado que o cancro da próstata nos cães podia ser travado pela castração. O estabelecimento destas relações conduziu eventualmente à moderna terapia hormonal para o cancro.

O crescimento de alguns cancros pode ser inibido através do fornecimento ou do bloqueio de determinadas hormonas. Exemplos comuns de tumores sensíveis às hormonas incluem certos tipos de cancro da mama e da próstata. A eliminação ou o bloqueio dos estrogénios ou da testosterona é frequentemente um tratamento adicional importante. Em certos cancros, a administração de agonistas hormonais, como os progestagénios, pode ser terapeuticamente benéfica (Halverson *et al.*, 1990; Waeber *et al.*, 2003).

A utilização da terapia de substituição hormonal (TRH) coloca um dilema para o número crescente de sobreviventes de cancro da mama, muitas das quais entram na menopausa prematuramente em resultado da terapia. De um modo geral, a TRH não tem sido utilizada em mulheres com antecedentes de cancro da mama porque o estrogénio é um fator de crescimento para a maioria das células cancerosas da mama em laboratório; no entanto, os dados empíricos sobre a segurança da TRH após o cancro da mama são limitados (Halverson *et al.*, 1992).

1-5-6: Terapia genética

Os novos tratamentos em pessoas com cancro destinam-se a encontrar melhores formas de tratar o cancro e ajudar os doentes com cancro. Os ensaios clínicos testam muitos tipos de tratamento, como novos medicamentos, novas abordagens à cirurgia ou à radioterapia, novas combinações de tratamentos ou novos métodos, como a terapia genética. Um ensaio clínico é uma das fases finais de um longo e cuidadoso processo de investigação do cancro (Kleinman e Liau, 2001).

Rainov e Kramm (2001) referiram que, até à data, muitos protocolos de terapia genética se concentraram no tratamento do cancro. Embora muitos cancros tenham uma predisposição genética, todos eles envolvem mutações adquiridas e, à medida que progridem, as suas células tornam-se menos diferenciadas e mais heterogéneas no que diz respeito às mutações que transportam. Em geral, os cancros têm, pelo menos, uma mutação num proto-oncogene (que dá origem a um oncogene) e, pelo menos, uma mutação num gene supressor de tumores, o que permite a proliferação do cancro. A variedade de cancros encontrados e as mutações que transportam conduziram a uma série de estratégias de terapia genética, nomeadamente: imunopotenciação, inativação de oncogenes, substituição de genes supressores de tumores, quimioterapia molecular e genes de resistência a medicamentos (Lebedeva, 2008).

A procura de novos tratamentos começa no laboratório, onde os cientistas começam por desenvolver e testar novas ideias. Se uma abordagem parecer promissora, o passo seguinte pode ser testar um tratamento em animais para ver como afecta o cancro num ser vivo e se tem efeitos nocivos (Kumar *et al.*, 2005).

Robert e Weinberg (1996) sublinharam que a descoberta e a compreensão dos oncogenes e dos genes supressores de tumores conduziram ao desenvolvimento de novos tipos de terapias contra o cancro. Atualmente, apenas estão disponíveis alguns medicamentos específicos para os genes sem a participação num ensaio clínico. O principal obstáculo reside na forma de introduzir o novo ADN nas células cancerosas.

Outro problema é que a maioria dos cancros tem várias mutações nos genes oncogénicos e supressores de tumores, pelo que a substituição de um gene pode não impedir o crescimento e a disseminação das células cancerígenas (Izquierdo, 2005). Os cientistas estão a tentar tratar alguns cancros que têm mutações no gene *p53*, inserindo genes *p53* normais em vírus e tentando depois infetar as células tumorais com estes vírus (Morgan *et al.*, 2006). Testes laboratoriais mostraram que os vírus conseguem entrar nas células tumorais e restaurar o gene *p53* normal. Estas células crescem então mais lentamente do que as outras células cancerosas (Kufe *et al.*, 2003).

1-5-7- Complementar e alternativo

Os tratamentos de medicina complementar e alternativa (CAM) são o grupo diversificado de sistemas, práticas e produtos médicos e de cuidados de saúde que não fazem parte da medicina convencional (Cassileth e Deng, 2004). A "medicina complementar" refere-se a métodos e substâncias utilizados juntamente com a medicina convencional, enquanto a "medicina alternativa" se refere a compostos utilizados em vez da medicina convencional. A utilização da medicina complementar e alternativa (CAM) é comum entre as pessoas com cancro; um estudo de 2000 concluiu que 69% dos doentes com cancro tinham utilizado pelo menos uma terapia CAM como parte do seu tratamento contra o cancro (Richardson *et al.*, 2000).

A maior parte das medicinas complementares e alternativas para o cancro não foram rigorosamente estudadas ou testadas. Alguns tratamentos alternativos que foram investigados e se revelaram ineficazes continuam a ser comercializados e promovidos (Vickers, 2004).

1-6- Plantas medicinais e herbáceas

1-6-1- História da planta medicinal

Desde há 3.500 anos que os escritos egípcios descrevem um remédio com alho. A primeira droga extraída de ervas, a morfina da *papoila do ópio* para aliviar a dor. Outros medicamentos, como a aspirina da *casca do salgueiro* para as dores e a inflamação, a efedrina da éfedra chinesa (Ma Huang) - um estimulante que tem sido associado a problemas cardíacos. Quinina da *casca de cinchona* (utilizada para tratar a malária) (Bagchi e Preuss, 2005).

O tratamento com ervas de Hoxsey é um dos mais antigos tratamentos alternativos contra o cancro. A sua história controversa remonta à década de 1920, quando Harry Hoxsey, que não tinha formação médica, comercializou uma mistura de ervas que, segundo ele, tratava eficazmente o cancro. O tratamento à base de ervas de Hoxsey é um regime que inclui uma mistura de ervas em duas formas diferentes, uma para uso interno e outra para uso externo (Spaulding-Albright, 1997). As pastas ou pomadas que são aplicadas externamente podem conter trissulfureto de antimónio, cloreto de zinco e raiz de sangue, e um pó amarelo constituído por sulfureto de arsénio, enxofre e talco. Tanto a pasta como o pó são cáusticos, o que significa que podem queimar a pele (Spaulding-Albright, 1997).

Ralph e Moss (1998) atribuem que os tratamentos contra o cancro, para além da quimioterapia e das radiações, têm sido tão exaustivamente suprimidos que parece não ser possível investigar tratamentos alternativos promissores sem preconceitos. No entanto, na década de 1950 - há apenas 40 anos - Harry Hoxsey tinha a maior cadeia de centros de tratamento do cancro existente, utilizando uma fórmula à base de plantas com aparente sucesso.

Nos países em desenvolvimento (economicamente pobres), 75% da população rural pode utilizar plantas medicinais. Na China, as plantas medicinais são frequentemente combinadas com a medicina moderna e, nos últimos anos, cada vez mais pessoas estão a utilizar medicamentos à base de plantas (Sparreboom *et al.*, 2004).

1-6-2- Plantas e medicamentos

As ervas são muitas vezes a principal fonte de medicamentos, especialmente nas zonas rurais. Remédio ou veneno é muitas vezes apenas uma questão de dosagem. A aspirina é o medicamento mais utilizado no mundo, mas pode ser letal se for tomada em grande quantidade (Vickers, 2007). Os alcalóides e os glicosídeos são dois tipos de moléculas que formam os blocos de construção de muitos medicamentos vegetais (Ernst, 2007). Exemplos: A nicotina do tabaco é um estimulante; a cafeína do café é um estimulante. A morfina das papoilas do ópio é um analgésico. A quinina da casca da árvore cinchona trata a malária (Dorai e Aggarwal, 2004).

Segundo Whitman e colaboradores (2005), os glicosídeos: têm uma molécula de glucose ligada e libertam cianeto quando são decompostos. Exemplos: Diosgenina do inhame, que foi utilizada nas primeiras pílulas anticoncepcionais. Digitalis da dedaleira roxa utilizada para tratar doenças cardíacas.

Hartwell (1971) acreditava que as plantas poderiam funcionar como fábricas seguras e rápidas para o crescimento de anticorpos para tratamentos personalizados contra uma forma comum de cancro, de acordo com novas descobertas. Os resultados foram obtidos nos primeiros testes em humanos de uma vacina injetável produzida em plantas geneticamente modificadas. No entanto, as vacinas cultivadas em plantas, que não têm efeitos secundários, poderão permitir um tratamento mais precoce e agressivo do cancro. Os alimentos de soja reduzem o risco de cancro e, em particular, o cancro da mama (Rockwell *et al.*, 2005).

1-6-3- Planta e cancro

História : Os gregos chamavam a esta erva *Knekos* ou cardo, que passou a chamar-se *Cnicus* para os romanos. Na época medieval, chamavam-lhe *carduus benedictus* , ou "cardo abençoado", porque as suas virtudes faziam com que fosse considerada uma cura para tudo. Outros dizem que o nome científico *benedictus* foi dado em honra de São Bento, que fundou a ordem religiosa que tem o seu nome e cultivou a planta (Card, 2010). Ao longo dos séculos, muitas fórmulas diferentes utilizaram o cardo abençoado, incluindo tratamentos contra a peste. Os monges da Europa medieval gostavam muito do cardo mariano e adicionavam-no como tónico aos seus elixires e como cura para a varíola. Dizia-se até que fortalecia as emoções, como Shakespeare sabia quando escreveu em *Muito Barulho por Nada*: "Arranja um pouco deste Carduus Benedictus destilado e coloca-o no teu coração; é a única coisa para um escândalo... Refiro-me ao cardo sagrado". Incluído no licor Benedictine (Keville,1991).

Propriedades : Uma erva muito amarga, anti-cancerígena, anti-séptica e antibiótica que actua principalmente como um tónico digestivo. É também expetorante, controla as hemorragias, favorece a cicatrização, baixa a febre e estimula a lactação (Kemper,1999).

Utilizações medicinais: Tem sido por vezes utilizada como uma erva para promover a lactação. A droga bruta contém cerca de 0,2% de cnicina.

É um componente das fórmulas de Bitters, que são utilizadas para tratar problemas digestivos.

O cardo mariano é utilizado para estimular a secreção de sucos gástricos e saliva, para aumentar o apetite e facilitar a digestão e para estimular o fluxo da bílis. Tem sido utilizado como um componente menor do remédio alternativo contra o cancro Flor-Essence e tem atividade antibacteriana e antifúngica. Outras actividades farmacológicas do cardo mariano incluem o bloqueio da gonadotropina e propriedades anti-inflamatórias (Card, 2010). No entanto, não existem ensaios clínicos em humanos para qualquer uma destas utilizações. O cardo mariano é um componente menor do remédio alternativo contra o cancro FlorEssence , uma das 8 ervas da fórmula. Neste contexto, a cnicina é citotóxica para as células leucémicas, enquanto os sesquitepenos, sem a porção éster, têm uma atividade menor. Os mesmos requisitos estruturais aplicam-se à atividade antibacteriana. De forma semelhante, a cnicina foi o sesquiterpeno mais ativo contra uma variedade

de fungos noutro estudo. O constituinte mais proeminente do cardo abençoado é o éster de lactona sesquiterpeno amargo cnicina (Hopman,1995). Outros sesquiterpenos germacrânicos incluem a salonitenolida e a artemisiifolina. Os lignanos amargos arctiin, arctigenin e nortracheloside também estão presentes. Foram também isolados dois poliacetilenos C13. Uma patente divulga proteínas antifúngicas activas contra fungos patogénicos de plantas, isoladas da semente do cardo abençoado.
Outra atividade farmacológica encontrada para o cardo abençoado inclui o bloqueio da gonadotropina. A cnicina demonstrou ter propriedades anti-inflamatórias num teste de edema da pata de rato (Christopher,1996;Beyerl,1998).

1-6-4- *Cnicus benedictus* L.

1-6-4-1- Classificação de *Cnicus benedictus* L.

Classificação	Nome científico e comum
Reino Unido	Plantae - Plantas
Sub-reino	Tracheobionta - Plantas vasculares
Super divisão	Espermatófitas - Plantas com sementes
Divisão	Magnoliophyta - Plantas com flores
Classe	Magnoliopsida - Dicotiledóneas
Subclasse	Asterídeos
Encomendar	Asterales
Família	Asteraceae / Compositae - Família Aster
Género	*Cnicus* L. - Cnicus
Espécies	*Cnicus benedictus* L. - Cardo-branco

http://plants.usda.gov/core/profile?symbol=CNBE

Nomes comuns:

Cardo santo, cardo amargo, carduus manchado, cardo sagrado, erva amarga, carduus abençoado, cardo maldito, cardo de nossa senhora, cardo de São Bento, cardo manchado, cardo de Fuller ; Drapacz Lekarski, Bernardynek (polaco) ; Bernardinerdistle (alemão) ; Chardon benit (francês) ; Cardo santo (espanhol) (Kemper,1999).

1-6-4-2- Descrição de *Cnicus benedictus* L.

Asteraceae é uma das maiores famílias de plantas vasculares, representada por 30.000 espécies e mais de 1100 géneros em todo o mundo. Um arbusto espinhoso e arredondado com uma altura de 2 pés e uma largura de 1,5 pés. As flores são amarelas, de $1^{1/2}$ polegadas, parcialmente escondidas pelas folhas. As folhas são espinhosas com veias claras, profundamente recortadas com veias e rodeadas por espinhos afiados de 1 polegada. Os frutos são espinhos afiados que rodeiam as vagens cheias de pequenas sementes. Floresce de julho a setembro.
(Kemper, 1999) (Fig-2.1).

Cultivo: Anual que germina em 1-3 semanas. Espaço de 12 a 14 polegadas. Temperatura do solo 65-70 F para germinação. O solo é seco, bastante pobre é adequado. Sol pleno. Propagar por sementes. As partes superiores floridas são colhidas antes de as flores terem passado o seu auge. Secá-las à sombra e cortá-las depois de secas. As sementes são colhidas no outono, quando a planta já as tem (Keville,1991).

Constituintes: óleo essencial, amargos, lactonas sesquiterpénicas (cnicina), alcalóides, lenhinas, poliacetilenos, flavonóides, triterpenos, fitoesteróis e taninos (Hopman,1995).

Propriedades : Erva muito amarga, anti-cancerígena, anti-séptica e antibiótica que actua principalmente como tónico digestivo. É também expetorante, controla as hemorragias, favorece a cicatrização, baixa a febre e estimula a lactação (McGuffin *et al.*,1997).

Figura (1-1): Cardo comum
***(Cnicus benedictus* L.)**

1-7- Técnica biológica das linhas celulares e do cancro

A cultura de células é o processo pelo qual as células procarióticas, eucarióticas ou vegetais são cultivadas em condições controladas. Na prática, o termo "cultura de células" passou a designar a cultura de células derivadas de eucariotas multicelulares, especialmente células animais. As linhas celulares são amplamente utilizadas em muitos aspectos da investigação laboratorial e, em particular, como modelos *in vitro* na investigação do cancro. Apresentam uma série de vantagens: são fáceis de manusear e representam uma fonte de auto-replicação ilimitada que pode ser cultivada em quantidades quase infinitas. Além disso, apresentam um grau relativamente elevado de homogeneidade e são facilmente substituídos a partir de stocks congelados se se perderem por contaminação (Burdall *et al.*, 2003). Este facto é particularmente comum nas linhas celulares mais frequentemente utilizadas, especialmente nas que estão depositadas em bancos de células há muitos anos.

As subpopulações podem surgir e causar alterações fenotípicas ao longo do tempo através da seleção de clones específicos de crescimento mais rápido dentro de uma população (Osborne *et al.*, 1987). Para além das variações na taxa de crescimento celular, foram observadas alterações no conteúdo dos receptores hormonais, no cariótipo e na clonogenicidade, apesar de as células parecerem morfologicamente idênticas (Bahia *et al.*, 2002).

Vários estudos utilizaram um sistema modelo de cultura celular em que as células foram cultivadas em meios sem soro para realizar análises proteómicas (Patwardhan *et al.*, 2005). Recentemente, foram realizados estudos que demonstram que o cancro começa a libertar células neoplásicas para a circulação numa fase precoce de alguns tipos de cancro (Han *et al.*, 2007).

Nelson e os seus colegas (1981) sugerem que as células podem ser isoladas dos tecidos de várias formas. As células podem ser facilmente purificadas a partir do sangue; no entanto, apenas as células brancas (linfócitos) são capazes de crescer em cultura. As células mononucleares podem ser libertadas dos tecidos moles por digestão enzimática com enzimas como a colagenase, a tripsina ou a pronase, que quebram a matriz extracelular. As células são cultivadas e mantidas a uma temperatura e mistura gasosa adequadas (tipicamente, 37°C, 5% CO_2 para células de mamíferos) numa incubadora de células. Os factores de crescimento utilizados para suplementar os meios são frequentemente derivados de sangue animal, como o soro de vitelo.

As células podem ser cultivadas em suspensão ou em culturas aderentes. Algumas células vivem naturalmente em suspensão, sem se ligarem a uma superfície, como é o caso das células que existem na corrente sanguínea. As células aderentes requerem uma superfície, como o plástico de cultura de tecidos, que pode ser revestido com componentes da matriz extracelular para aumentar as propriedades de adesão e fornecer outros sinais necessários para o crescimento e a diferenciação (Mbeunkui *et al.*, 2006). Wilson e Kotton (2008) concluíram que as linhas de células estaminais embrionárias são criadas a partir de embriões. Uma única célula estaminal viva do embrião é colocada numa placa de Petri (sem ágar) e recebe nutrientes e factores de crescimento que simulam os encontrados no útero. A linha de células resultante continuará a dividir-se desde que receba sinais químicos suficientes que a instruam a manter-se indiferenciada. As linhas de células estaminais adultas isoladas de tecidos maduros são normalmente utilizadas na investigação sobre células estaminais, tal como as células isoladas do sangue do cordão umbilical. Normalmente, as células estaminais têm sido mantidas utilizando métodos de cultura de tecidos que datam essencialmente da década de 1950.

Witkowski (1983) mencionou que a maioria das células derivadas de tecidos sólidos são aderentes. Outro tipo de cultura aderente é a cultura organotípica, que envolve o crescimento de células num ambiente tridimensional, por oposição às placas de cultura bidimensionais. A cultura em massa de linhas celulares animais é fundamental para o fabrico de vacinas virais e de muitos produtos da biotecnologia. As culturas de células vegetais são normalmente cultivadas como culturas de suspensão de células em meio líquido ou como culturas de calos em meio sólido. A cultura de células vegetais indiferenciadas e de calos requer o equilíbrio adequado das hormonas de crescimento das plantas, a auxina e a citocinina.

1-8- O rato como modelo laboratorial de cancro

Os ratinhos têm sido utilizados na investigação do cancro desde 1894. Inicialmente, os ratinhos eram utilizados para transplantes de tumores da mesma espécie e para estudos de tratamento com medicamentos. Em 1921, foram criadas e divulgadas entre os investigadores do cancro estirpes consanguíneas com predisposição para desenvolver tumores. Os oncogenes, ou genes que causam o cancro, puderam então ser estudados em maior pormenor.

Os ratos e outros animais são utilizados para testar a capacidade cancerígena das substâncias. Embora os ratos continuem a ser amplamente utilizados para estes testes, se a substância provocar alterações no ADN, é considerada mutagénica ou potencialmente cancerígena (Herzig e Christoori, 2002).

Rangarajan e Weinberg (2003) referem que o ratinho, embora seja o mais pequeno dos animais de laboratório comuns, é o animal experimental mais procurado em termos de número. Até 80% de todos os animais utilizados em laboratórios são ratos. O tamanho pequeno, a reprodução rápida e a posição relativamente elevada na escala evolutiva proporcionam inúmeras caraterísticas úteis em todas as áreas de investigação. O rato é utilizado numa grande variedade de estudos, incluindo toxicidade de medicamentos, microbiologia, radiobiologia, investigação do cancro, investigação comportamental, nutrição e estudos genéticos.

As muitas técnicas especializadas que foram desenvolvidas para estudar o desenvolvimento da glândula mamária do ratinho proporcionam uma abordagem poderosa para dissecar os mecanismos pelos quais genes específicos regulam o desenvolvimento normal da glândula mamária e para identificar as alterações genéticas que estão envolvidas na iniciação e progressão do cancro da mama (Bocchinfuso *et al.*, 1999; Murphy *et al*, 2000). Van Dyke e Jacks (2002) expuseram que, utilizando modelos laboratoriais e de ratinhos de cancro da mama humano, os investigadores descobriram que uma pequena molécula capaz de visar proteínas específicas na superfície das células do cancro da mama pode inibir o crescimento das células do cancro da mama que migram para o cérebro.

Capítulo 2

Materiais e métodos

2-1 Materiais

2.1.1 Instrumentos

Os instrumentos utilizados neste estudo e os respectivos fabricantes e fornecedores estão listados na tabela (2-1).

Tabela (2-1): Instrumentos utilizados neste estudo e respetivos fabricantes.

Não.	Instrumentos	fabricantes
1	Autoclave	Gallenkamp (Inglaterra)
2	Equilíbrio	Mettler (Suíça)
3	Centrifugadora	Universal 16A (Alemanha)
4	Leitor de placas multipoços ELISA	Organon-teknika (Áustria)
5	Hemocitómetro	Neubaur (Alemanha)
6	Placa de aquecimento com agitador magnético	Gallenkamp (Inglaterra)
7	Incubadora	Gallenkamp (Inglaterra)
8	Microscópio de fase invertida	Opton (Alemanha)
9	Microscópio de luz	Olympus (Japão)
10	Pipetas de microtitulação	Marca (Alemanha)
11	Placas multipoços de microtitulação	Sterilin (Inglaterra)
12	Micrótomo	Leitz,Alemanha
13	Misturador	Retsch.Alemanha
14	Fuga do abafador	Carbollite (E.U.A.)
15	Unidades de filtro Nalgene (0,22^M, 0,45^M)	Nalge (EUA)
16	Forno	Memmert (Alemanha)
17	Medidor de pH	Orient Research (EUA)
18	Frasco de plástico para cultura de tecidos 25 cm^2	Falcão (EUA)
19	Evaporador rotativo	Yammert (Alemanha)
20	Equilíbrio sensível	Mettler (Suíça)
21	Sistema de aparelho Soxhlet	Quickfit (Inglaterra)
22	Espectrofotómetro UV-Vis.	Shimadzu (Japão)
23	Banho de água	Precisterm (Alemanha)

Para além de outros tubos de vidro, pipetas, lâminas, lamelas e a seringa com diferentes tamanhos e os calibradores de vernier.

2.1.2 Produtos químicos

Os produtos químicos utilizados neste estudo são da mais alta pureza disponível. (Tabela 2-2).

Tabela (2-2): produtos químicos utilizados neste estudo e respetivos fornecedores.

Não.	Produtos químicos	Fornecedor
1	Antibióticos (penicilina, estreptomicina e nistatina)	Ajantaa Pharm.India
2	Bi H9N O542 2 (subnitrato de bismuto)	BDH (Inglaterra)
3	Albumina de soro bovino (BSA)	Capricórnio (Alemanha)
4	C10H8O (a-Naftol)	BDH (Inglaterra)
5	C H1410 O (Antrona)	BDH (Inglaterra)
6	Ci8Hi6BrN5 S (coloração MTT)	SEAVA (Inglaterra)
7	CH3COOH	LAB-Scan (Polónia)
8	CuSO4.5H2O	BDH (Inglaterra)
9	CuSO4.5H2O	BDH (Inglaterra)
10	Coloração de eosina	Sigma (EUA)
11	Etanol absoluto	BDH (Inglaterra)
12	Soro fetal de vitelo (FCS)	Laboratórios Flow (Inglaterra)
13	Formaldeído	Fluka chemicals, Suíça
14	Ácido acético glacial	Merk, E.U.A.
15	H2O	Empresa SDI
16	HCl	GCC (Inglaterra)
17	Coloração de hematoxilina	ThermoShandon, E.U.A.
18	HgCl2	BDH (Inglaterra)
19	I2	BDH (Inglaterra)
20	K HPO24	BDH (Inglaterra)
21	KH_2 PO_4	BDH (Inglaterra)
22	KI	Fluka (Suíça)
23	Na HPO24	BDH (Inglaterra)
24	NaCl	BDH (Inglaterra)
25	NaH2PO4.2H2O	BDH (Inglaterra)
26	NaHCO3	BDH (Inglaterra)
27	NaHPO4.2H2O	BDH (Inglaterra)
28	NaOH	BDH (Inglaterra)
29	RPMI-1640	Sigma (EUA)
30	Tripsina - Versene	Gibco (EUA)

2-1-3:As linhas celulares utilizadas neste estudo e as suas fornecedor .

Tabela (2-3): As linhas celulares

	Linha celular	Fornecedor
1	Adenocarcinoma da glândula mamária do ratinho (Ahmed-Majeed 2003) (para estudo *in vivo*) "**AM3**	Centro iraquiano de investigação sobre o cancro e a genética médica (*ICCMGR*).
2	Adenocarcinoma da glândula mamária do ratinho (Ahmed-Mohammed-Nahi 2003) *AMN-3In vitro* ' **passagem (184)**	
3	Passagem **REF** de fibroblastos embrionários de rato (56)	

2-2: Metodologia :

1- Procedimento dos testes fitoquímicos :

Os extractos são submetidos aos seguintes testes para identificar os seus constituintes químicos:

A- Procedimento :

- Teste para alcalóides: (Kokate *et al.*,2008).

Os seguintes testes foram aplicados para a identificação de alcalóides na solução de extrato de folhas.

1- Teste de Dragendorff: a 1 ml da solução de teste, adicionou-se 1 ml do reagente de Dragendorff. A formação de um precipitado laranja ou vermelho alaranjado indica a presença de alcalóides.

2- Teste de Mayer: a 1 ml de solução de teste, foram adicionadas algumas gotas do reagente de Mayer. A formação de um precipitado branco ou amarelo pálido indica a presença de alcalóides.

3- Teste de Wagner: Adicionar 1 ml de solução de ensaio e algumas gotas do reagente de Wagner. Formação . Um precipitado amarelo ou castanho indica a presença de alcalóides.

- Teste para Flavonóides: (Rashant *et al.*,2011).

1- Teste alcalino: foi aplicada uma mistura da solução de teste com alguns ml de amoníaco num papel de filtro e verificada sob luz UV, o aparecimento de cor fluorescente indica a presença de flavonóides.

2- Teste de cloreto férrico: 1 ml de solução de teste misturado com algumas gotas de solução neutra de cloreto férrico, a formação de uma cor vermelho-escura indica a presença de flavonóides.

3- Teste do acetato de chumbo: A 1 ml da solução de teste, foram adicionadas algumas gotas de uma solução aquosa básica de acetato de chumbo. O precipitado de cor amarela indica a presença de flavonóides.

- Pesquisa de glúcidos: (Harborne,1985).

1- Teste de Molisch: misturar 1 ml de extrato com algumas gotas de solução de a-naftol (10% em etanol a 95 %) e, em seguida, adicionar 1 ml de ácido sulfúrico concentrado nas paredes do tubo de ensaio. A cor púrpura ou violeta-avermelhada na camada inter-fases revela a presença de hidratos de carbono.

2- Teste de antrona: 1 ml de extrato foi misturado com 2 ml de reagente de antrona num tubo de ensaio, a mistura foi incubada durante 5 min. num banho de água a ferver durante 5 minutos, a formação de cor verde a azul indica a presença de hidratos de carbono.

- Teste para compostos fenólicos e taninos: (Kokate *et al.*,2008).

1- Teste de cloreto férrico: a 1 ml de extrato, foram adicionadas algumas gotas de solução de cloreto férrico a 0,1 %. A solução de cor azul escura ou preta esverdeada indica a presença de taninos ou compostos fenólicos. Enquanto que a cor castanha indica a presença de pseudotaninos.

2- Ensaio de gelatina: misturar quantidades iguais de solução de extrato e de solução de gelatina (1gm. A gelatina foi dissolvida numa solução aquosa morna de cloreto de sódio a 10% no momento do teste). A formação de um precipitado branco indica a presença de taninos.

- **Teste para terpenóides:** (Gibbs,1974).

1- Teste de Trim- Hill: A 1 ml de solução de extrato ácido, adicionou-se 1 ml de reagente de Trim- Hill num tubo de ensaio, aquecido em banho-maria. O aparecimento de cor azul indica a presença de diterpenóides, enquanto a cor verde indica a presença de monoterpenóides.

2- Teste de Liebermann-Burchard: a 1 ml de solução de teste, adicionaram-se algumas gotas de anidrido acético, aqueceu-se até à ebulição, arrefeceu-se e adicionou-se 1 ml de ácido sulfúrico conc. ao longo dos lados do tubo de ensaio. A formação de uma cor cor-de-rosa indica a presença de triterpenóides.

- **Teste para cumarinas: (Harborn,1986).**

1-Teste do hidróxido de sódio: a solução de extrato foi colocada num tubo de ensaio na presença de DW. O tubo foi coberto com papel de filtro embebido em solução de hidróxido de sódio (diluído e fervido), a fluorescência amarela indica a presença de cumarinas após exame sob ultravioleta.

- **Teste de lenhina: (Harborn,1986).**

1- Teste de laboratório: 1 ml da solução de extrato foi misturado com 2 ml de ácido gálico a 10%, formando-se uma cor verde-azeitona que indica uma reação positiva para as lenhinas.

2- Teste da lenhina: A formação de cor vermelha, quando 2% de furfuraldeído foi adicionado à solução de extrato, indica a presença de lenhina.

3- **3: Soluções utilizadas :**

Devem ser preparadas as seguintes soluções (Yaseen, 1990; 1998)

3.3. **1- Tampão fosfato salino (PBS) (PH=7,2):-**

O PBS foi preparado dissolvendo os seguintes materiais em 1 litro de D.W:

substância	Peso
KH2PO4	0.2
Na2HPO4	0.9
NaCl	8
KCl	0.2

Após o controlo do PH, a solução é colocada num frasco com tampa e depois esterilizada em autoclave, arrefecida e mantida a 4° C (Cruickshank *et al.*, 1975).

2.3 .2- Antibióticos:

2.3.1: A estreptomicina (1g-vial) foi dissolvida em 5 ml de água destilada (D.W), sendo considerada uma solução de reserva cuja concentração era de (2000000 Lig/ml) e armazenada a -18° C.

2.3.2: Penicilina benzílica: dissolveu-se o conteúdo de um frasco com 1 milhão de I/U em (5) ml de água destilada esterilizada e considerou-se como solução de reserva a concentração de (2000000) I/U e armazenou-se a-18oc.

2.3.3: A solução de nistatina tem a concentração de 50.000 I N/100ml.

2.3.4: Soro fetal de vitelo (FCS):

O soro já foi inactivado termicamente, esterilizado e utilizado diretamente para meios de cultura de tecidos.

2.3.5: Solução de .4-Tripsina-Versina:

A tripsina-Versina foi preparada dissolvendo os seguintes materiais em 1 litro de água destilada:

substância	Peso
Tripsina-Versina em pó	10,12 gm.

Bicarbonato de sódio	2,2 gm.
Solução de ampicilina	1 ml
Solução de estreptomicina	0,5 ml
Nistatina	0,248 ml

Após o controlo do pH, a solução é colocada num frasco com tampa e depois esterilizada em autoclave, arrefecida e mantida a 4°C. (Cruickshank *et al.*, 1975).

2.3.6: Rosswell Park Memorial Institute (RPMI)-1640 Medium (USbiological, EUA):(Freshney,2000).

foi preparado da seguinte forma:

substância	Peso
Instituto Memorial de Rosswell Park (RPMI)-1640 Médio	16,4 gm.
Bicarbonato de sódio	2,2 gm.
Solução de ampicilina	1 ml
Solução de estreptomicina	0,5 ml
Nistatina	0,248 ml
Soro fetal de vitelo	100 ml

O volume foi completado com água destilada para obter "1 litro" e depois esterilizado utilizando um filtro Nalgen (nalgennuce, EUA) com uma unidade de filtragem de 0,2^m. A esterilização foi efectuada num ambiente estéril, incubada a 37°C durante dois dias e depois armazenada a 4°C para utilização direta. Todos os antibióticos foram preparados de fresco.

2.3.7: Meio sem soro de manutenção (SFM) (Al-Shammari, 2003)

O RPMI-1640 foi preparado como descrito, mas sem F.C.S. Este meio foi utilizado para o ensaio de citotoxicidade e para a preparação da diluição dos extractos.

2.3.8: Solução de metiltiazolil tetrazólio (MTT):

O metiltiazolil tetrazólio (0,2 g) (Sigma-Aldrich, EUA) foi dissolvido em 100 ml de PBS para preparar uma concentração de 2 mg/ml do corante (Betancur-Galvis *et al.*, 2002). A solução foi filtrada através de um filtro de seringa de 0,2 polegadas para remover qualquer produto de formazan azul, como recomendado por Russel (1998), e depois armazenada em frascos estéreis, escuros e com tampa de rosca a 4°C. A solução foi utilizada num prazo máximo de 2 semanas após a sua preparação.

2.4 : As linhas de células :

2.4.1: Linha celular Ahmed-Mohammed-Nahi-2003 (AMN3):

Esta linha celular de adenocarcinoma mamário murino foi derivada para a primeira passagem *in vivo* de um adenocarcinoma mamário espontâneo de ratinhos BALB/c fêmeas (Al-Shammari, 2003). As passagens 75-78 da linha celular AMN3 foram utilizadas ao longo deste estudo e as células foram mantidas utilizando RPMI-1640 com 5% de FCS, passagem (184).

2.4.2: REF (Fibroblasto de Embrião de Rato)

Esta linha celular normal é estabelecida a partir de embriões de ratos com 14 dias de idade, as células desta linha celular murina eram uma mistura de células endoteliais fibroblásticas com quadro cromossómico normal, esta linha celular foi estabelecida por Ahmed Al-Shammari, passagem (56).

2.4.3: Ahmed Majeed-2003 (AM3) Linhagem transplantável de adenocarcinoma mamário:

Esta linha tumoral transplantável foi estabelecida a partir de adenocarcinoma mamário murino espontâneo de ratinho fêmea idoso que foi transplantado para ratinhos imunossuprimidos e adaptado com êxito para crescimento em ratinhos imunocompetentes durante mais de 38 passagens *in vivo.* E utilizado como modelo animal de tumor no desenvolvimento e teste de novos agentes anticancerígenos no ICCMGR (Al-Shamery, 2003).

2.5 : Extração da planta de ensaio

2.5.1: Recolha de plantas

Recolha de plantas do Condado (Monte Sinjar e Sulaymaniyah) durante a fase de floração (do quinto mês ao sétimo mês) na aula de Conservação de Plantas da Faculdade de Ciências / Universidade de Bagdade, Doutor. Khalil Al-Shammarie.

2.5.2: Preparação de extractos aquosos e etanólicos da raiz de *Cnicus benedictus* L.

De acordo com Harborne e Mabray (1975), o extrato aquoso da planta foi preparado da seguinte forma

1-alíquotas de 50 g de raízes em pó foram suspensas em 200 ml de água destilada (D.W.) num balão Erlyn Myer e agitadas num agitador magnético durante a noite a 45 °C.
2-Após 24 horas, os sedimentos foram filtrados com gaze e depois com papel de filtro.
3-As etapas (1) e (2) foram repetidas 4-5 vezes.
4-O extrato reunido foi evaporado até à secura (45 °C) sob pressão reduzida num evaporador rotativo.
5-Mediu-se o peso do extrato bruto resultante dessa quantidade de planta em pó.
6-O extrato bruto foi então conservado a -20°C até ao momento da utilização.
7-O extrato etanólico de *Cnicus benedictus* L. foi preparado da mesma forma que o extrato aquoso, exceto utilizando álcool etílico a 70% em vez de água destilada.

Para as experiências seguintes, 1 g de extrato de planta em pó foi dissolvido em 10 ml de PBS (como solvente), a suspensão foi então filtrada e esterilizada utilizando um filtro Millipore estéril de 0,*4* mm e mantida em congelação (-20 °C) até à utilização.

2-6-Ensaio de inibição do crescimento:-

2-6-1 Efeito citotóxico de extractos de raiz de *Cnicus benedictus* L. em linhas celulares:-

Este método *in vitro* foi utilizado para investigar o efeito dos extractos aquoso e etanólico de ***Cnicus benedictus* L.** em quatro tipos de linhas celulares AMN3, REF). Para realizar este teste, os seguintes pré-requisitos devem estar prontos, de acordo com o método padrão ICCMGR.

2-6-2 Manutenção das linhas celulares:

Quando as células do frasco formaram uma monocamada confluente, foi efectuado o seguinte protocolo (Freshney, 1994).

a) O meio de crescimento foi decantado e a folha de células foi lavada duas vezes com PBS.

b) Foram adicionados dois a três ml de solução de tripsina/versina ao lado do frasco oposto às células. O frasco foi virado de modo a cobrir completamente a monocamada e incubado a 37° C durante alguns minutos, até ao arredondamento das células.

c) Foi adicionado meio (0,1-0,2 ml/cm^2) e as células foram dispersas por pipetagem no meio de crescimento sobre a superfície da monocamada.

d) Após a adição do meio, procedeu-se à redistribuição das células na concentração requerida para os frascos de cultura e, em seguida, reincubou-se na incubadora a 37ºC.

e) a alteração da cor do meio denotada. Os meios inicialmente cor de laranja passam a amarelo à medida que as células crescem, reduzindo assim os meios que agora devem ser mudados. Observar também a ocorrência de turvação, a cultura está muito provavelmente contaminada e deve ser eliminada.

2.6.3. Contagem de células viáveis:

A contagem de células viáveis nas células em estudo foi efectuada utilizando a exclusão do azul de tripano. As células mortas, ao contrário das células viáveis, absorvem o corante num segundo, o que as torna facilmente distinguíveis das células viáveis ao microscópio. Deve ser considerado o seguinte protocolo (Darling e Morgan, 1994).

a) A suspensão de células foi preparada numa concentração elevada por tripsinização e ressuspensão.

b) A lamela é fixada num hemocitómetro limpo.

c) Misturou-se uma parte da suspensão de células (0,2 ml) com uma parte de azul de tripano (0,2 ml) e oito partes (1,6 ml) de PBS. Em seguida, transferiu-se uma amostra de 20 ml para a extremidade da lamela de cobertura, que correu para a câmara de contagem.

d) Após 1-2 minutos, procedeu-se à contagem utilizando um microscópio de luz com uma objetiva de 40X. Começando por uma câmara do hemocitómetro, todas as células foram contadas no quadrado central de 1 mm e em quatro quadrados centrais de 1 mm. A contagem das células viáveis e não viáveis foi efectuada separadamente.

e) A concentração celular (célula/ml), a contagem total de células e a viabilidade celular (%) foram calculadas com base na seguinte equação (Darling e Morgan, 1994, Freshney, 1994).

1) **C=nXdX10000** em que C=concentração de células (células/ml), n=número de células contadas, d=fator de diluição=10

2) **Contagem total de células=C (células/ml) X volume original do fluido de onde foi retirada a amostra de células.**

3) **Viabilidade celular (%) = {total de células viáveis (não coradas)/total de células} X100**

A fim de estudar o efeito citotóxico dos extractos de plantas nas linhas celulares, a viabilidade celular deve ser determinada. A linha celular utilizada deve ter mais de 90% de viabilidade celular para estar pronta para o teste. Caso contrário, a suspensão de células pode ser rejeitada (Freshney, 2000).

2.6.4. Ensaio de citotoxicidade

As culturas de células em placas de microtitulação (96 poços) foram expostas a uma gama de concentrações de extractos de plantas durante a fase de crescimento do tronco e o efeito foi determinado após o tempo de recuperação. O seguinte protocolo (Freshney, 1994) foi realizado com extractos aquosos e etanólicos de ***Cnicus benedictus* L.**

a) Após a tripsinização, a suspensão de células é semeada em placas de microtitulação, retirando 0,2 ml com uma micropipeta e colocando em cada poço, de modo a que cada poço contenha $1X10^4$ células/poço, cobrindo depois a placa com fita adesiva especial esterilizada e agitando depois a placa suavemente. Meio de crescimento utilizado para a sementeira.

b) As placas foram então incubadas durante 24 horas a 37° C para fixação das células.

c) Utilizando o meio de manutenção, foram preparadas diluições seriadas de dez vezes a partir de (1,10,100,1000 e 10000 Lig/ml) para o extrato aquoso e o extrato etanólico.

d) Após incubação durante 24 horas, as células foram expostas a diferentes diluições de extractos. Apenas 20^1 de cada concentração foram pipetados em cada poço. (três réplicas para cada concentração testada). Foram adicionados 20 Lil de meio de manutenção a cada poço do grupo de controlo (foram utilizados doze poços). Os tempos de exposição foram de 24, 48 e 72 horas. As placas foram seladas com película auto-adesiva e colocadas na incubadora.

e) Após a exposição aos extractos de ensaio, o meio foi decantado e as células do poço foram cuidadosamente lavadas, adicionando e removendo 0,1 ml de PBS estéril duas vezes

A densidade ótica de cada poço foi lida utilizando um leitor micro-ELISA com um comprimento de onda de transmissão de 550 nm (Mahoney *et al.*, 1989; Freshney, 1994). A taxa de proliferação foi medida de acordo com a seguinte fórmula (Chumchalova & Smarda, 2003)

$$PR\% = \frac{B}{A} \times 100$$

PR= taxa de proliferação, A= a densidade ótica do controlo, B= a densidade ótica do ensaio Enquanto a taxa de inibição de acordo com a medição de (Gao *et al.*, 2003) é a seguinte

$$IR\% = \frac{A - B}{A} \times 100$$

IR= taxa de inibição, A= a densidade ótica do controlo, B= a densidade ótica do ensaio.

Ambos os valores de PR ou IR foram convertidos para transformação arsina para análise estática.

2.7: Dose letal mediana (LD50):

2.7.1 Animais de laboratório:

Trinta e dois ratinhos albinos suíços adultos (peso corporal = 20-25 g) foram utilizados para determinar a dose letal média oral (DL50) de um extrato aquoso e etanólico de *Cnicus benedictus* L. Os animais foram mantidos em salas bem climatizadas no biotério do ICCMGR, tendo-lhes sido dado pellets de ração animal equilibrada especialmente preparada e água ad libidum .

2.7.2 Determinação do LD50:

Foram administradas diariamente a cada animal, por via oral, doses graduadas de extrato das partes aéreas de *Cnics benedictus* L. para ambos os extractos (aquoso e etanólico) em 0,2 ml de PBS. As gamas de doses orais únicas que foram utilizadas na determinação da DL50 de ambos os extractos foram (1000-5000 mg). A mortalidade foi registada após 24 horas em que cada animal foi tratado com uma dose e após 24 horas registada como O se o animal estivesse vivo e depois aumentada a dose tratada. Enquanto X foi registado para a morte do animal e depois diminuída a dose de acordo com o resultado do animal, o bacalhau que se formou como sendo (oooxo) e de acordo com a tabela de Dixon, o valor tabular pode ser obtido e a DL50 foi determinada de acordo com a fórmula utilizada por Dixon (1980).

LD50 =Xf+Kd Onde: *Xf* é a última dose administrada. K é o valor tabelado, e d é o intervalo entre as doses.

	K representou ensaios em série iniciados com :-				
	O	OO	OOO	OOOO	
XOOO	0.157-	0.154-	0.154-	0.154-	OXXX
XOOX	0.878-	0.861-	0.860-	0.860-	OXXO
XOXO	0.701	0.747	0.741	0.741	OXOX
XOXX	0.084	0.169	0.181	0.182	OXOO
XXOO	0.305	0.372	0.380	0.381	OOXX
XXOX	0.305-	0.169	0.144-	0.142-	OOXO
XXXO	1.288	1.500	1.544	1.549-	OOOX
XXXX	0.555	0.0897	0.985	1.000	OOOO
	X	XX	XXX	XXXX	
	K representou ensaios em série iniciados com :-				

2.8: Transplante de Células Tumorais de adenocarcinoma mamário AM3:

O método estabelecido por Al-Shamery (2003) é ilustrado de seguida:

1- Os ratos foram anestesiados por injeção intraperitonial (I.P) de zilazina (40mg/kg) (laboratórios Calier, Barcelona, Espanha).
2- A região da massa tumoral foi bem desinfectada com etanol a 70%.
3- As implantações de tecido tumoral foram efectuadas através da aspiração asséptica dos tumores subcutâneos com uma agulha 18.
4- Os fragmentos de tecido foram imediatamente colocados em PBS estéril e as células tumorais foram deixadas assentar, sendo o sobrenadante eliminado e, em seguida, os fragmentos de tumor foram ressuspendidos em PBS num volume adequado.
5- A suspensão de células individuais foi efectuada através da desagregação mecânica das células por pipetagem vigorosa.
6- A suspensão tumoral foi aspirada por uma seringa com agulha de calibre 18 e inoculada com uma injeção S/C de 10 x 10^6 células viáveis em 0,1 ml de suspensão celular na região do ombro através de uma punção na região da coxa.

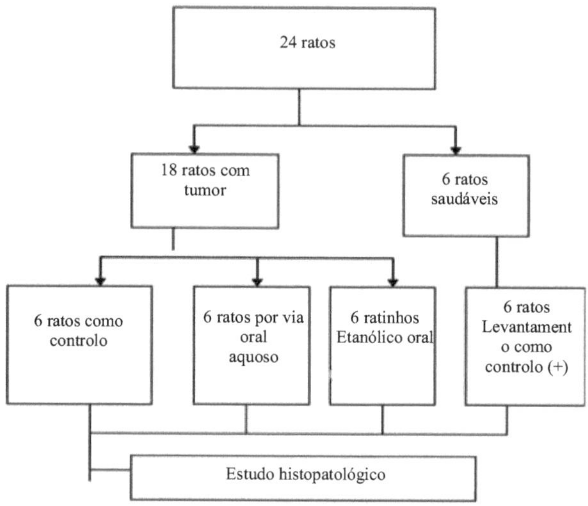

2.9: Animal tratado:

As doses que deram o LD50 e as que deram alterações patológicas altamente graves foram levantadas. Para estudar as alterações patológicas, foram utilizados (24) ratos albinos com (8-10) anos de idade e (2028) g de peso, numa média de seis ratos por grupo.

2.9.1: O efeito de diferentes doses de extractos em ratos normais:

Cada grupo de ratinhos foi submetido a uma gavagem com uma das doses (300 mg/kg) de peso corporal dos animais, tanto para o extrato etanólico como para o extrato aquoso de *Cnicus benedictus* L. Enquanto o controlo (+) foi injetado com água ad libidum, o controlo (-) administrou água ad libidum por via oral e o outro grupo ficou sem qualquer tratamento para seguir a condição, que pode detetar a dose terapêutica que foi estudada para o efeito patológico deste extrato.

Foram utilizadas diferentes doses em ratinhos portadores de tumores que podem detetar a dose terapêutica para estudar o efeito do tumor pré-transplantado, para além do tratamento com o momento do transplante do tumor e após o momento do transplante. Será mencionado em pormenor mais adiante. Após um dia completo (21) para todos os grupos, os animais foram mortos por deslocação cervical e incisão direta como se segue:

Cada rato é fixado de costas em pratos anatómicos e lavado com álcool (70%). A incisão começa na extremidade da região abdominal até à outra extremidade do animal, passando pela cavidade torácica e depois por todos os órgãos viscerais (fígado e rins).

2.8.1 Estudo *in vivo* Parâmetro

Em todas as experiências, foram medidos os seguintes parâmetros: o volume da massa tumoral foi registado de 2 em 2 dias, medindo os diâmetros perpendiculares com um compasso de calibre vernier. Os volumes tumorais foram estimados utilizando a seguinte fórmula, de acordo com (Grote *et al.*, 2001):

$$\text{Volume do tumor } (mm^3) = a.b/2^2$$

a= comprimento da massa tumoral (mm), b= largura da massa tumoral (mm)

As experiências foram concluídas 14 dias após o início do tratamento e os ratinhos foram sacrificados. Os tumores dos grupos tratados e de controlo foram cuidadosamente dissecados e fixados em formalina tamponada neutralizada a 10%, incluídos em parafina e seccionados com 5 g de espessura para histologia e imunohistoquímica.

2.8.2 Processamento de amostras histopatológicas:

Os passos foram seguidos de acordo com (Luna, 1968). Para a preparação dos tecidos, as secções de parafina foram efectuadas no sistema automatizado de histoquinato Shandon (Thermo, EUA), as amostras foram fixadas em formalina tamponada neutralizada a 10% e, antes do processo, foram cortadas e marcadas e colocadas numa caixa de plástico. A desidratação, a limpeza, a inclusão, a secção e a coloração foram efectuadas conforme descrito por Luna (1968). As lâminas utilizadas para a coloração H&E de rotina eram lâminas normais, enquanto as lâminas utilizadas para a imunohistoquímica eram revestidas com gelatina, sendo todas as lâminas mantidas num local limpo até serem coradas.

2.10: Análise estatística:

A análise estatística dos dados foi realizada usando o Statistical Package for Social Science (SAS,2012) Versão 9.1, e para a determinação de diferenças significativas usando ANOVA one way e two way para análise de dados para estudar o efeito de extratos aquosos e etanólicos em linhas de células cancerígenas (estudo *in vitro* e *in vivo*),. A diferença é considerada significativa quando o valor da probabilidade é ($P < 0,05$).

Capítulo 3

Resultados

3-1 Estudo fitoquímico:

3-1-1 : Extração:

As raízes secas de extractos etanólicos e aquosos de *Cnicus benedictus* L., como na tabela (3.1), deram origem a um produto pegajoso castanho-escuro, que se transformou em pó após a secagem.

Quadro 3.1 Percentagem de extração bruta de *Cnicus benedictus* L.

Tipo de extrato	Peso da parte da planta (gm)	Peso do extrato (gm)	Percentagem de extração %
Extrato etanólico	50	0.353	0.706
extrato aquoso	50	1.719	3.438

3-1-2: Deteção química geral de compostos activos:

A deteção de substâncias químicas indicou a presença de compostos activos nos dois tipos de extracções de *Cnicus benedictus* L., como se pode ver na tabela (3.2), flavonóides e taninos, alcalóides, hidratos de carbono, compostos fenólicos, terpenóides, cumarina e lenhinas presentes no extrato etanólico e, a partir desta tabela, o extrato etanólico tem mais atividade do que o extrato aquoso.

Quadro 3.2 Resultados da deteção de alguns compostos activos para extractos brutos de raízes de *Cnicus benedictus* L.

Testes fitoquímicos		Extrato	
		Etanol	Aquoso
Flavonóides	Zinco-Hcl	+	Traço
	Reagente alcalino	+	+
	Cloreto férrico	+	+
	Acetato de chumbo	+	+
Alcalóides	Dragendorff's	+	+

	Mayer's	+	Traço
	Wagner's	+	Traço
Hidratos de carbono	Molisch's	+	+
	Antrona	+	+
Compostos fenólicos e taninos	Cloreto férrico	+	Traço
	Gelatina	+	Traço
Terpenóides :	Trim-Hill	+	Traço
	Liebermann- Burchard's	+	+
Cumarinas	Hidróxido de sódio	+	Traço
Lignina	Labat	+	Traço
	Lignina	+	+

3.2 : Estimativa e diagnóstico de alguns compostos activos por HPLC

Estimativa da concentração de cnicina, arctigenina e arctiina:

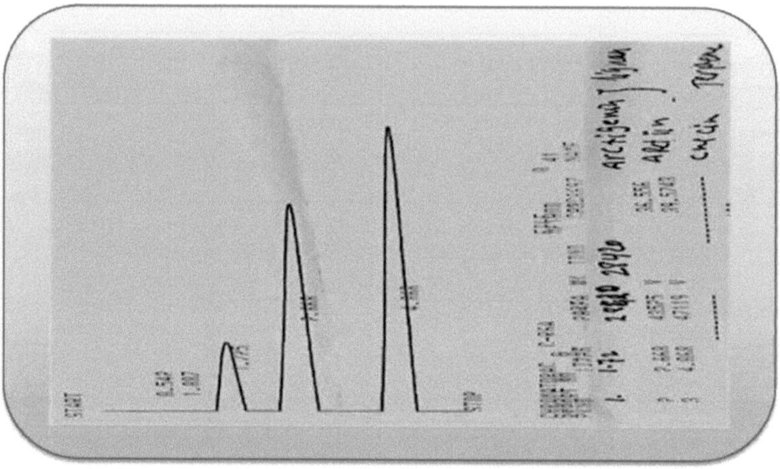

Fig(3-1): método de análise de materiais padrão de tecnologia por HPLC

Retenção (min.)	Área	**Compostos identificados**	Conc.(gg/g)
1.72	28420	Arctigenina	-
2.668	43525	Arctiin	36.556
4.068	47119	Cnicin	39.5743

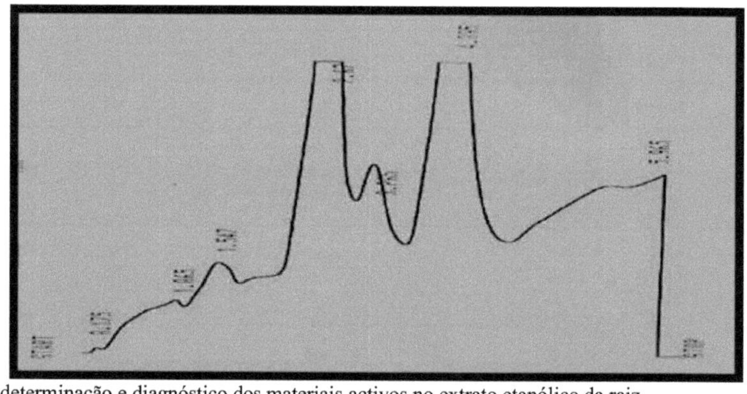

Fig(3-2): determinação e diagnóstico dos materiais activos no extrato etanólico da raiz

Pico	Retenção (min.)	Área	**Compostos identificados**	Conc.(gg/g)
1	1.065	5771	Desconhecido	5.7671
2	1.547	6660	Arctigenina	6.6551
3	2.67	41114	Arctiin	41.085

4	3.265	9658	Desconhecido	9.6515
5	4.095	36867	Cnicin	36.8413

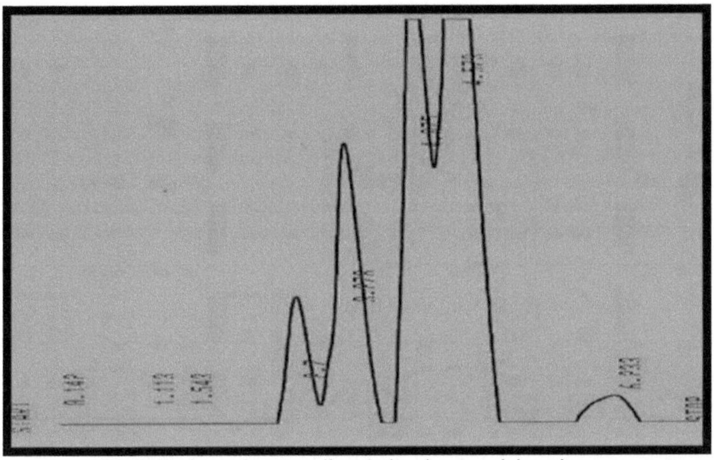

Fig(3-3): determinação e diagnóstico dos materiais activos no extrato aquoso da raiz.

Pico	Retenção (min.)	Área	**Compostos identificados**	Conc.(gg/g)
1	1.543	7934	Arctigenina	4.4863
2	2.7	28273	Arctiin	15.9865
3	3.278	31616	Desconhecido	17.877
4	4.075	38373	Cnicin	21.6977
5	4.573	58166	Desconhecido	32.8895
6	6.233	12491	Desconhecido	7.0631

3-3: Estudo *in vitro* :

3-3-1-: Efeito inibidor do crescimento:

As linhas de células cancerígenas em estudo *in vitro* (AMN-3 e REF) foram expostas a cinco concentrações (1,10,100,1000 e 10000 g/ml) para dois tipos de extractos *de Cnicus benedictus* L. durante

24, 48 e 72 horas, e a densidade ótica foi medida sob comprimento de onda de 550 nm com leitor microELISA após a sua coloração com MTT. O efeito inibidor do crescimento pelos dois extractos de *Cnicus benedictus* L. revelou que o extrato etanólico teve o maior efeito inibidor na linha de células AMN3 do que os extractos aquosos.

3-3-2: Efeito citotóxico do extrato alcoólico nas linhas celulares (AMN3) e (REF):

O estudo foi efectuado em linhas celulares (AMN3 e REF). O efeito de diferentes concentrações de extrato etanólico de (72,60% a 10000 Lig/ml) em linhas de células tumorais após (24, 48 e 72) horas de exposição na tabela (3.3). Os resultados revelaram um efeito citotóxico significativo a níveis (P<0,05) para todas as concentrações, exceto (1 Lig/ml) na linha de células AMN3 que teve um efeito não significativo, todos os extractos inibiram o crescimento celular nas concentrações mais elevadas e reduziram nas concentrações mais baixas, exceto. O extrato etanólico teve o crescimento inibitório mais baixo na linha celular AMN3 nas concentrações (34,0% 10000 ^g/ml) durante o período de 48 horas. Algumas das concentrações aumentaram as suas inibições em relação à anterior, como (55,7%) (10000 Lig/ml) durante 72 horas na linha celular AMN3 (Fig. **-3-4**), enquanto na linha celular REF foram (4,0% 10000 Lig/ml) durante 24 horas, e (0,0% 10000 ^g/ml), durante 48 horas e (3,1% Lig/ml) durante 72 horas, (Fig. -3-5).

Tabela (3.3): Valores médios da percentagem da taxa de inibição (IR%) das células (AMN3& REF) após tratamento com diferentes concentrações de extrato etanólico de *Cnicus benedictus* L. durante (24, 48 e 72) horas.

Efeito de inibição do extrato alcoólico de Roots no AMN-3				Valor LSD
Conc. (ļjg/ml)	24 horas.	48 horas.	72 horas.	
1	C 11.4 a	CD 14.0 a	B 12.0 a	4,61 NS
10	B 25.7 a	D 11.0 b	B 20.0 a	6.02 *
100	B 23.7 a	AB 28.7 a	B 13.0 b	6.35 *
1000	B 30.6 a	BC 21.0 b	B 12.0 c	7.19 *
10000	A 72,60 a	A 34 .0 c	A 55,7 b	11.53 *
Valor LSD	9.33 *	8.96 *	11.25 *	-
Efeito de inibição do extrato alcoólico das raízes na REF				Valor LSD
Conc. (^g/ml)	24 horas.	48 horas.	72 horas.	
1	A 1.0 a	A 1.6 a	B 2.0 a	1,04 NS
10	A 3.0 a	A 2.1 a	B 1,25 a	1,89 NS
100	A 4.2 b	A 1,3 b	A 12.0 a	5.38 *

1000	A 2.11 a	A 0 .0 a	B 3.1 a	2.35 NS
10000	A 4.0 a	A 0,0 b	B 3.1 ab	3.75 *
Valor LSD	3.24 NS	2.13 NS	4.09 *	-
* (P<0,05), NS: Não significativo.				

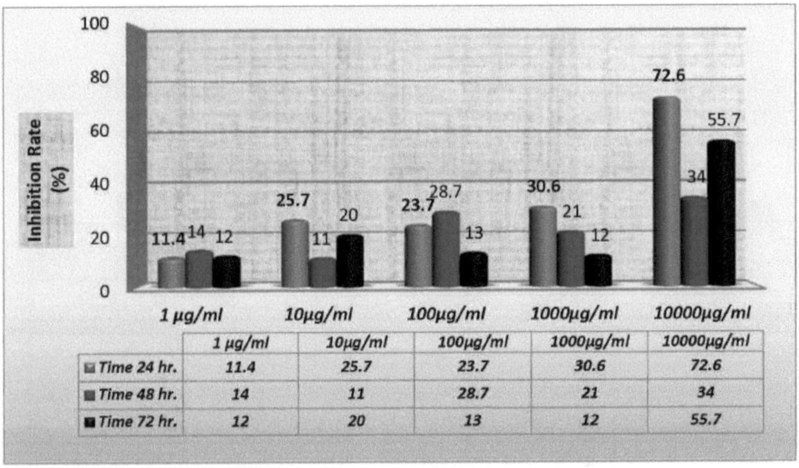

Figura (3-4): Efeitos inibitórios do extrato etanólico de *Cnicus benedictus* L no crescimento da linha celular AMN3 durante diferentes períodos de exposição.

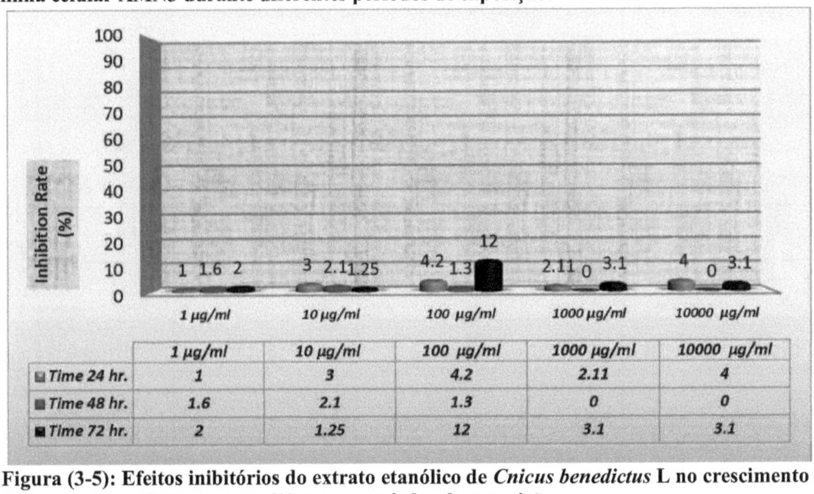

Figura (3-5): Efeitos inibitórios do extrato etanólico de *Cnicus benedictus* L no crescimento da linha de células REF durante diferentes períodos de exposição.

3-3-3: Efeito citotóxico do extrato aquoso nas linhas celulares (AMN3) e (REF):

Foram estudadas duas linhas celulares (AMN-3 e REF) em três tempos de exposição (24, 48 e 72 horas), utilizando uma diluição de duas vezes para obter uma concentração de (47,44% a 10000 iig/ml) de extrato aquoso.

A Tabela (3.4) mostra o efeito de diferentes concentrações do extrato no crescimento dos dois tipos de linhas celulares após (24, 48 e 72) horas, respetivamente. O extrato aquoso teve o maior crescimento inibitório nas linhas celulares AMN3 na concentração (10000 Lig/ml) durante o período de 24 horas e o período de 72 horas, respetivamente. O efeito citotóxico na linha de células AMN-3 revelou que as concentrações deram um resultado significativo (P<0,05) e a maior taxa de inibição do crescimento das células aumentou nas concentrações (10000) iig/ml às 24 horas e às 48 horas (27,5% 10000^g/ml), (Fig-3-6).

A inibição do crescimento celular do tratamento da linha celular Ref. durante as 24 e 48 horas de exposição ao extrato aquoso bruto atingiu o efeito citotóxico mais elevado na concentração de 10000 iig/ml, enquanto o efeito citotóxico mais elevado durante o período de 72 horas foi observado na concentração de 100 iig/ml. (Fig. 3-7).

Tabela (3.4): Valores médios da percentagem da taxa de inibição (IR%) das linhas celulares (AMN3& REF) após tratamento com diferentes concentrações de extrato aquoso de *Cnicus benedictus* L durante (24, 48 & 72) horas.

Efeito de inibição do extrato aquoso das raízes no AMN-3				Valor LSD
Conc. (g/ml)	24 horas.	48 horas.	72 horas.	
1	C 1.1 b	B 2.1 ab	C 7.44 a	6.02 *
10	C 3,96 b	B 2.1 b	B 17.12 a	8.75 *
100	B 26.6 a	A 24.4 a	B 22.18 a	6,38 NS
1000	A 39,27 a	A 22.2 b	A 41.16 a	9.52 *
10000	A 47,44 a	A 27,5 b	A 46.1 a	7.93 *
Valor LSD	9.28 *	8.74 *	8.71 *	---
* (P<0,05), NS: Não significativo.				

Efeito de inibição do extrato aquoso das raízes na REF				Valor LSD
Conc. (g/ml)	24 horas.	48 horas.	72 horas.	
1	B 2.4 a	B 1.6 a	B 2.0 a	2,78 NS
10	B 3.14 a	B 1.2 a	B 1,25 a	1,89 NS
100	A 10.0 a	A 9.2 a	A 12.0 a	4,73 NS
1000	B 2.8 a	B 2.0 a	B 3.1 a	2.19 NS
10000	B1.60 ab	B 0,0 b	B 3.1 a	2.85 *
Valor LSD	4.38 *	4.61 *	5.07 *	---
* (P<0,05), NS: Não significativo.				

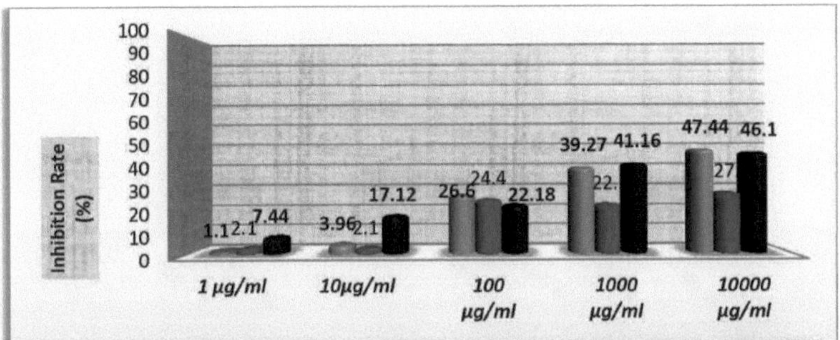

	1 µg/ml	10µg/ml	100 µg/ml	1000 µg/ml	10000 µg/ml
Time 24 hr.	1.1	3.96	26.6	39.27	47.44
Time 48 hr.	2.1	2.1	24.4	22.2	27.5
Time 72 hr.	7.44	17.12	22.18	41.16	46.1

Figura (3-6): Efeitos inibitórios do extrato aquoso de *Cnicus benedictus* L no crescimento da linha celular AMN3 durante diferentes períodos de exposição.

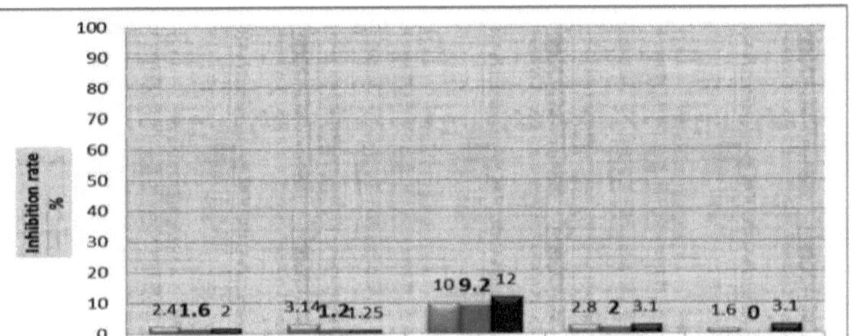

	1 µg/ml	10 µg/ml	100 µg/ml	1000 µg/ml	10000 µg/ml
Time 24 hr.	2.4	3.14	10	2.8	1.6
Time 48 hr.	1.6	1.2	9.2	2	0
Time 72 hr.	2	1.25	12	3.1	3.1

Figura (3-7): Efeitos inibitórios do extrato aquoso de *Cnicus benedictus* L no crescimento da linha de células REF durante diferentes períodos de exposição.

3-4: Tratamento de tumores com extractos de plantas (*estudo in vivo*):

3-4-1:Inibição do crescimento tumoral (T.G.I) %:

A percentagem de inibição do crescimento tumoral em diferentes grupos de animais. Os resultados mostraram que o melhor efeito inibitório no T.G.I foi obtido a partir do extrato aquoso durante três semanas, e o extrato etanólico mostrou o melhor efeito inibitório durante três semanas.

O período de três semanas na Fig. (3-8 e 3-9) refere que todos os grupos têm uma percentagem de inibição significativa ($P<0,05$) (91%) para o extrato etanólico, (89%) para o extrato aquoso, pelo que os extractos etanólico e aquoso aumentam gradualmente a inibição do crescimento tumoral em função do tempo, enquanto que o extrato etanólico mostrou um aumento do TGI no período do décimo quinto dia (9). Na dose terapêutica (300mg/kg), os extractos etanólico e aquoso da raiz.

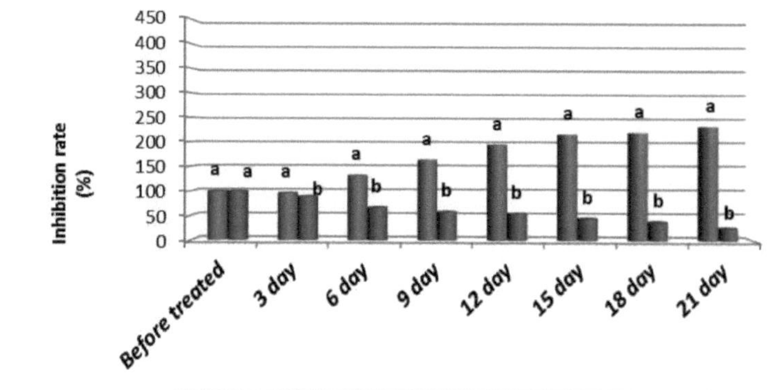

	Before treated	3 day	6 day	9 day	12 day	15 day	18 day	21 day
control	100	96.1	131.9	163.7	195.1	217.25	220.8	233.5
treated	100	89.4	66.7	58.1	54	44.9	37.8	25.5

Fig(3-8) : Valores médios da percentagem da taxa de inibição (IR) % dos grupos de animais tratados com extractos (etanólicos) da raiz de *Cnicus benedictus* L. durante três semanas.

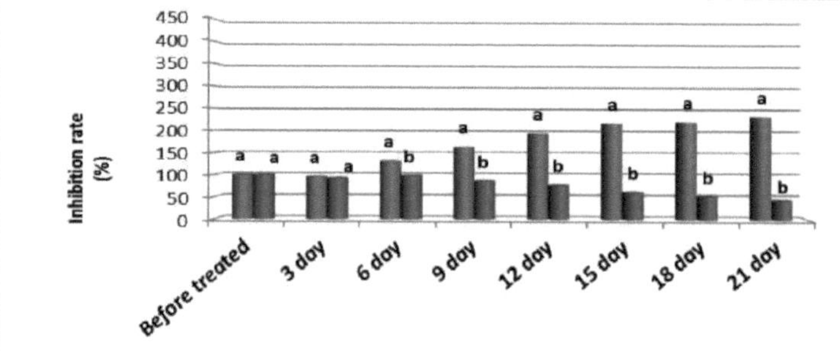

	Before treated	3 day	6 day	9 day	12 day	15 day	18 day	21 day
control	100	96.1	131.9	163.7	195.1	217.25	220.8	233.5
treated	100	92.9	99	87.1	77.3	61.7	52.6	43.9

Fig(3-9): Valores médios da percentagem da taxa de inibição (IR) % dos grupos de animais tratados com extractos (aquosos) da raiz de *Cnicus benedictus* L. durante três semanas.

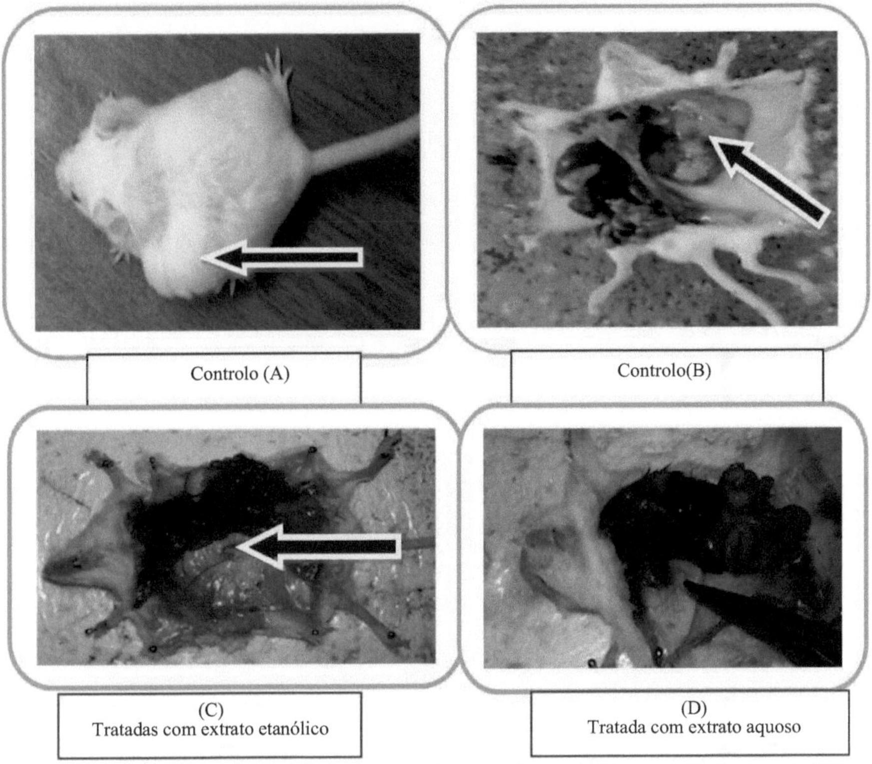

Fig(3-10): O aumento da massa tumoral do grupo de controlo em A&B, e o efeito da dose de 300 mg/kg de extractos etanólicos e aquosos na massa tumoral em C&D em comparação com o controlo.

. 3-5-Estudo histopatológico

3-5-1- O grupo de controlo

O exame patológico após um período de três semanas revelou células hipercromáticas, pleomórficas e indiferenciadas com figura mitótica no tecido subcutâneo da pele (Fig. 3-11). infiltração de células inflamatórias e agregação à volta do glomérulo do rim (Fig. 3-12). O exame histológico não revelou qualquer lesão significativa, nem qualquer lesão patológica registada no rim. O grupo de controlo do período de três semanas revelou que a secção microscópica no fígado apresentava infiltração de células inflamatórias e agregação à volta da veia central, juntamente com necrose coagulativa das células hepáticas (Fig. 3-13).

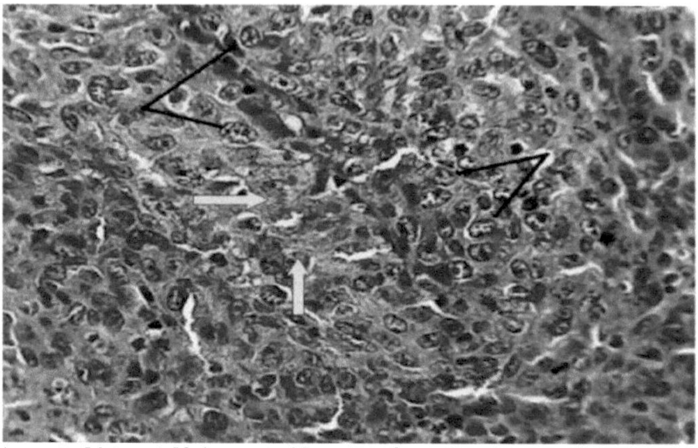

Figura (3-11): A secção histopatológica no tecido subcutâneo da pele no período de três semanas do grupo de controlo mostrou células hipercromáticas, pleomórficas e indiferenciadas com figura mitótica (H&E X400). (⇧)

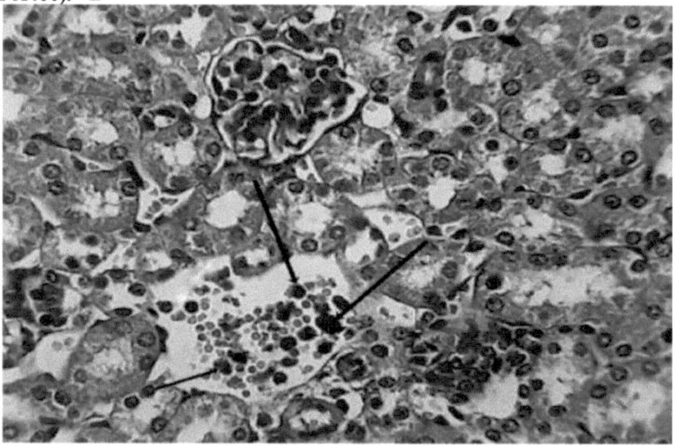

Figura (3-12): A secção histopatológica no rim no período de três semanas do grupo de controlo mostrou infiltração de células inflamatórias e agregação em torno do glomérulo (↑), (H&E X400).

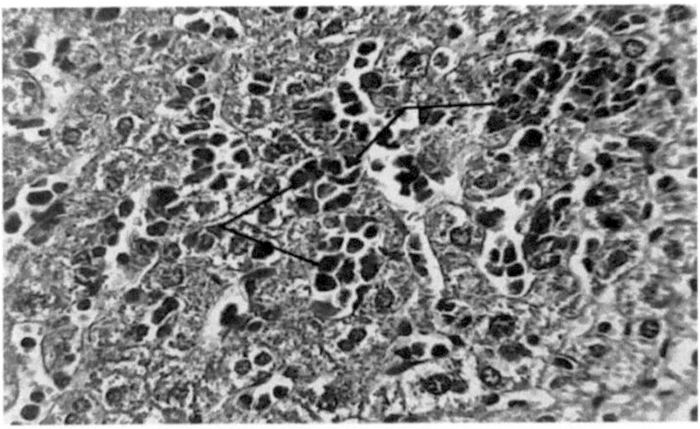

Figura (3-13): As alterações histopatológicas do fígado no período de três semanas do grupo de controlo mostram infiltração de células inflamatórias e zonas de necrose e infiltração de células inflamatórias, especialmente (Macrófagos ↑) (H&E X400).

3-5-2-O grupo tratado com extrato etanólico :

No período de três semanas de tratamento, o quadro histológico revelou necrose e destruição da maioria das células cancerosas na massa tumoral no tecido subcutâneo (Fig.3-14). A secção histopatológica no rim no período de três semanas de tratamento com extrato etanólico de raiz mostrou infiltração de células inflamatórias e dilatação cística para Glumeruli (Fig.3-15), e os resultados no fígado no período de três semanas de tratamento com extrato etanólico de raiz mostraram infiltração de células inflamatórias à volta da veia central e proliferação de células de kupffer (Fig.3-16).

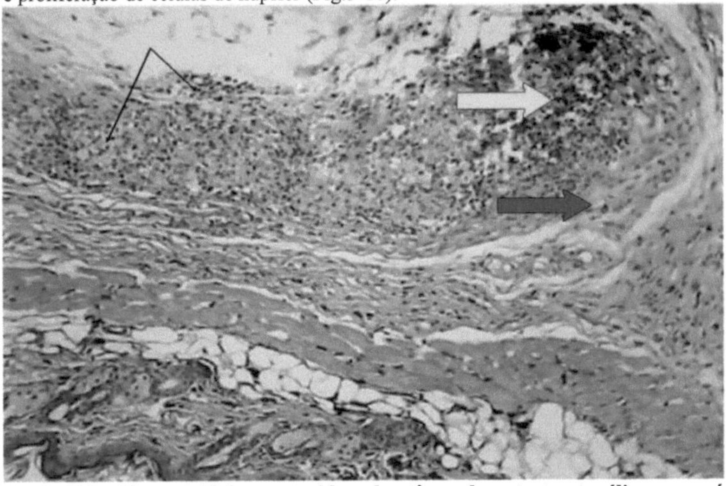

Figura (3-14): O efeito histopatológico no tecido subcutâneo do extrato etanólico no período de três semanas mostrou detritos celulares (⇧), necrose e infiltração de células inflamatórias (⇧), destruindo a maioria das células cancerígenas na massa tumoral (H&E X400).

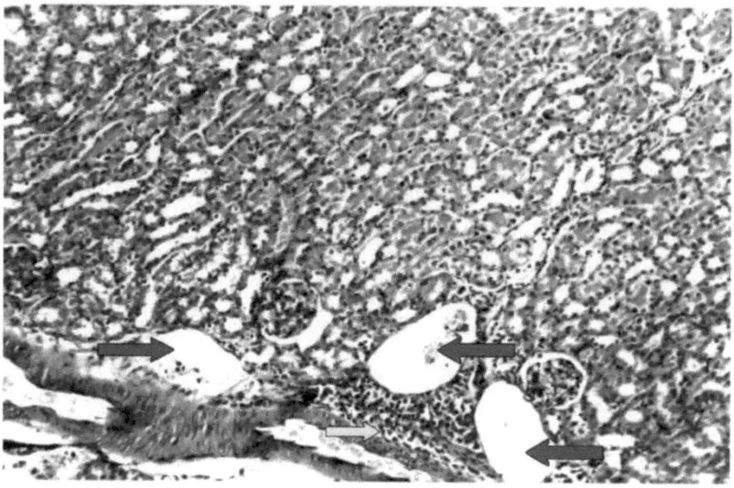

Figura (3-15): A secção histopatológica no rim no período de três semanas de tratamento com extrato etanólico de raiz mostrou infiltração de células inflamatórias ⇧ e dilatação cística para Glumeruli (⬆), (H&E X400).

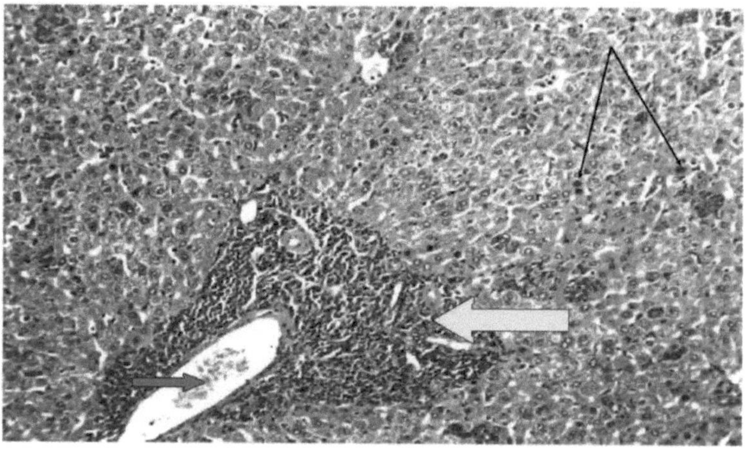

Figura (3-16): A secção histopatológica no fígado no período de três semanas de tratamento com extrato etanólico de raiz mostrou infiltração de células inflamatórias à volta da veia central (⇧ e proliferação de células de kupffer (⬆),
(H&E X400)

3-5-3-O grupo que foi tratado com extrato aquoso:

O período de três semanas de tratamento mostrou infiltração de células mononucleares no parênquima do rim (Fig.3-17). A pele revelou uma necrose grave da maioria das células cancerígenas no tecido subcutâneo (Fig.3-18). No período de três semanas de tratamento, a secção histopatológica do fígado mostra necrose coagulativa, uma grande área de hepatócitos com dilatação dos sinusóides que contêm células inflamatórias (Fig. 3-19).

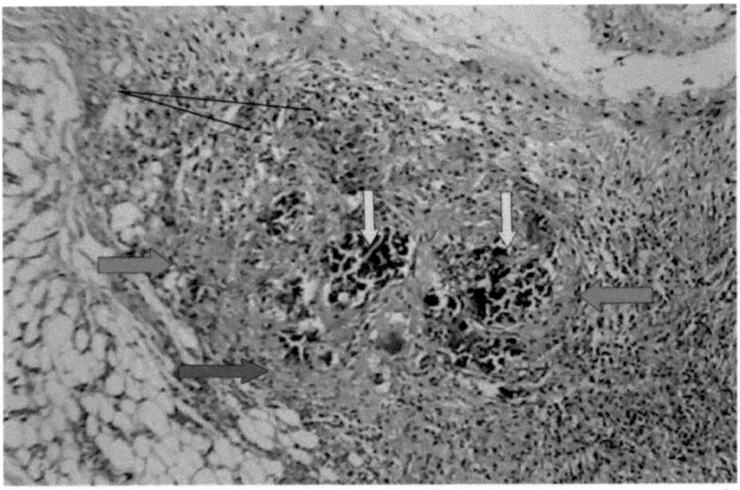

Figura (3-17): O efeito histopatológico no tecido subcutâneo do extrato aquoso no período de três semanas mostrou lesão granulomatosa ( ) detritos celulares( )necrose e infiltração de células inflamatórias( ) destruição e calcificação distrófica ( ) e fibrose o paranquima subcutâneo( ) a maioria das células cancerosas na massa tumoral (H&E X400)...

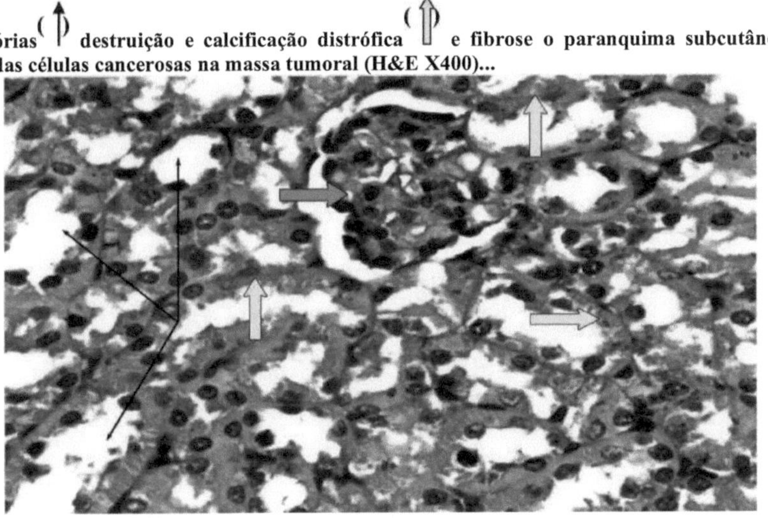

Figura (3-18): A secção histopatológica no rim no período de três semanas de tratamento com extrato aquoso de raiz mostrou degeneração na célula epitelial dos túbulos torcidos do rim () e normal para Glumeruli ( ) e dilatação ligeira ( ) (H&E X400).

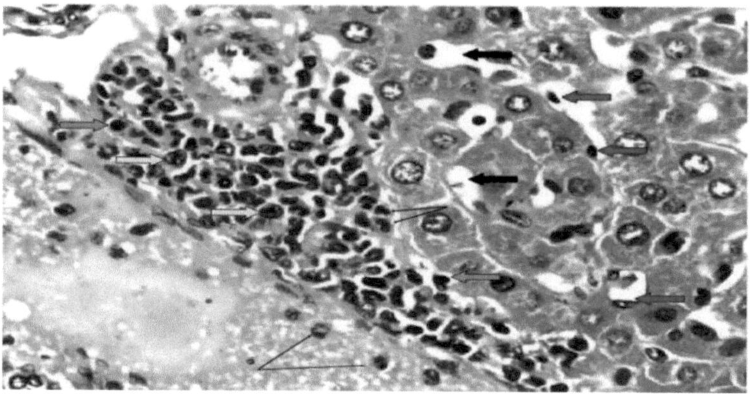

Figura (3-19): A secção histopatológica no fígado no período de três semanas de tratamento com extrato etanólico de raiz mostrou infiltração de células inflamatórias, especialmente (macrófagos) (⇧), linfócitos (↑) e proliferação de células de kupffer (↑)e mostrou(↑), (H&E X400).

Capítulo 4

Discussão

4-1-Extração:

Neste estudo, foram utilizados diferentes tipos de extractos de raízes de *Cnicus benedictus* L.; incluindo extractos (etanólicos e aquosos), porque este estudo foi considerado um estudo preliminar para avaliar o possível efeito citotóxico dos extractos brutos *de Cnicus benedictus* L. em células cancerígenas para garantir que a maioria dos constituintes activos tinha sido envolvida. Os componentes podem estar presentes em extractos etanólicos e aquosos. (Boonyaprapatsorn e Chokchaijaroenporn, 2000).

As extracções da raiz (*Cnicus benedictus* L.) deram origem a um extrato aquoso (3,438%) que foi superior ao extrato etanólico (0,706%). As diferenças entre as percentagens dos extractos podem dever-se a alguma perda durante o processamento da extração, dependendo do tipo de preparação de cada um. As extracções revelaram um produto fino, pegajoso e castanho-escuro, tanto para o extrato etanólico como para o extrato aquoso, e um odor aromático.

As concentrações de compostos fitoquímicos nos diferentes extractos são diferentes. O extrato etanólico das raízes também era rico em flavonóides, alcalóides, hidratos de carbono, compostos fenólicos e taninos, cumarina e lignina. Há muitas investigações que mencionam que o extrato de etanol tem uma atividade anti-microbiana e anti-cancro (Lee *et al.*,2006).· E uma atividade anti-oxidante (Kumar *et al.*,2003). Os extractos de plantas contêm uma grande quantidade de compostos activos e as suas concentrações são diferentes de uma planta para outra e de uma parte da planta para outra. Isto faz com que os testes pertencentes à utilização de detectores químicos para investigar os compostos activos na planta e as suas proporções sejam uma coisa necessária antes de estudar as suas actividades médicas (O'Hara *et al.*,1998).Os resultados na tabela (3.2) mostraram que o extrato de etanol das raízes da planta que contém boas quantidades de flavonóides. Assim, um grande número de plantas contém os flavonóides que se encontram na maioria das plantas (Harborne *et al.*,1975). Os resultados da deteção química primária mostraram que o extrato de etanol do *Cnicus benedictus* L. contém muitos compostos activos, incluindo os alcalóides responsáveis pela antiactividade para o microrganismo (Al-Abed,2008). Todos os tipos de flavonóides, incluindo os hidratos de carbono, anti-oxidantes, fenolatos, ácido tânico e terpenos estão contidos neste extrato. Este resultado corresponde ao estudo de (Al- Raway ,1988). O aparecimento da cor verde deve-se ao pigmento clorofila e à xantina, e o odor aromático distinto da planta pode dever-se ao facto de conter alguns dos óleos voláteis *do Cnicus benedictus* L. (Ellmore e Feldberg, 1994).

4-2- Estudo *in vitro*:

Após o tratamento com diferentes concentrações dos extractos de *C. benedictus* L. durante 24, 48 e 72 horas, as densidades ópticas (DO) para a placa de linhas celulares coradas com MTT revelaram que, as diferenças de (DO) entre as concentrações, que a concentração elevada deu um valor baixo de DO, indicando uma resposta máxima porque as células afectadas (mortas) são removidas por lavagem durante o procedimento de coloração, deixando uma cor clara que representa as células viáveis ligadas. Por outro lado, a concentração baixa deu um valor elevado de DO, o que indica uma resposta mínima proporcional à elevada percentagem de células viáveis.

O resultado deste estudo mostrou que os extractos de *C. benedictus* L. têm um efeito seletivo sobre a viabilidade de diferentes linhas celulares. Este efeito seletivo pode dever-se a muitos factores, incluindo o efeito do pH e o efeito da osmolalidade. Apesar de a maioria das linhas celulares crescer bem a pH 7,4, o pH ótimo para o crescimento celular varia entre diferentes estirpes celulares, algumas células epidérmicas podem ser mantidas a pH 5,5 (Freshney, 1994). Estes resultados indicam que os extractos *de C. benedictus* L. possuem um ou mais constituintes capazes de interferir com o processo de adesão das células, levando-as a destacarem-se da placa e não estando envolvidos na medição da D.O. A maioria das células em cultura necessita de um período de fase de atraso para se fixar no substrato e se adaptar às condições do meio antes de começar a proliferar (Freshney, 1994). O outro fator pode ser o efeito da osmolalidade, em que os extractos de *Cnicus benedictus* L. são ricos em proteínas, hidratos de carbono, minerais e outros constituintes que os tornam uma solução hipertónica (Karakaya, 2004). E pode causar um choque osmótico dependente da dose nas linhas celulares.

Duas linhas celulares de adenocarcinoma da glândula mamária (AMN3) e de fibroblastos normais de embrião de rato (REF) foram cultivadas *in vitro* para estudar o efeito citotóxico dos extractos *de C. benedictus* L., em diferentes concentrações e tempos de exposição. Os resultados mostraram que os dois tipos de extractos *de C. benedictus* L. tiveram um efeito citotóxico significativo ($P<0,05$) sobre o AMN-3 (figuras 34,3-6), em diferentes concentrações e tempos de exposição. Durante o efeito comparativo entre os extractos *de C. benedictus* L. nas linhas celulares AMN3 e REF. A linha celular AMN3 foi mais sensível do que a REF quando tratada com extractos. Al-Hilli (2004), ao estudar o efeito de extractos brutos *de Cyperus rotundus* em linhas celulares cancerígenas, explicou a maior sensibilidade da linha celular AMN-3, entre outros tipos, pela ativação de algumas enzimas glutationa-S- transferase (GSTs) através de vários compostos no extrato de plantas, especialmente os compostos polifenólicos, como também Sa'eed (2004) referiu durante o seu estudo, para o efeito de polifenóis e terpenóides isolados do chá verde em algumas linhas celulares cancerígenas. As (GSTs) actuaram como um anti-oxidante, causando a desintoxicação celular ao aumentar a sua combinação com a glutationa reduzida, levando a célula cancerígena à morte celular programada, a apoptose. Além disso, as culturas variam significativamente em muitas das suas propriedades entre o crescimento exponencial e a fase estacionária (Freshney, 1994).

As diferenças na resposta do AMN-3 aos diferentes tratamentos podem indicar a presença ou ausência de receptores celulares específicos em cada tipo de linha celular, fazendo com que as células interajam com a mesma concentração de maneiras diferentes. Além disso, as vias metabólicas em resposta a cada tratamento diferem de uma linha para outra. Este facto foi mencionado em diferentes estudos que investigaram diferentes extractos de plantas no tratamento de vários tipos de linhas celulares (Li *et al.*, 2003). Por outro lado, pode sugerir-se que os extractos de *C. benedictus* L. podem bloquear precocemente a expressão do gene responsável pela secreção semelhante à do leite das linhas celulares AMN-3, que é a caraterística mais marcante desta linha celular (Al-Shammery, 2003).

Todos os extractos de *C. benedictus* L. mostraram um efeito inibitório muito baixo na viabilidade da linha de células REF em comparação com a linha de células AMN3, o que revelou que estes extractos não tinham efeito citotóxico nas células normais.

Existem numerosos extractos de plantas que não têm qualquer efeito citotóxico nas células normais, como o extrato aquoso de *Justicia spicigera* que tem factores citotóxicos que afectam as células leucémicas, por outro lado, o extrato não tem qualquer atividade que provoque o aumento das células progenitoras hematopoiéticas normais, e muitos estudos mostraram a relação entre a atividade citotóxica e a reprodução de células progenitoras hematopoiéticas normais (Caceres-Cortes *et al.*, 2001).

O efeito citotóxico pode dever-se à presença de flavonóides, cuja ação anticancerígena foi comprovada. Este estudo foi consolidado por alguns investigadores que sublinharam que as plantas e as ervas têm muitos compostos activos. Os compostos activos podem ter um carácter citotóxico contra muitas doenças importantes, incluindo células cancerígenas *in vitro* e *in vivo*.

O estudo do efeito dos extractos vegetais de *Olea europea* Ubied (2006) e *Urtica dioica* AL-Taae (2007) sobre o crescimento inibitório das linhas celulares cancerígenas (AMN3 e Hep-2) deve-se ao facto de conterem muitos compostos activos com efeito anticancerígeno, compostos como flavonóides, fenóis, taninos, terpenos e alguns destes compostos presentes nos extractos *de Cnicus benedictus* L. Não há diferenças entre os resultados deste estudo e os resultados de Al-Mousawi (2006) que provou que os extractos brutos de *Salix acmophylla* tinham um efeito inibidor nas linhas celulares de cancro (AMN3 e Hep-2). Mukherjee (2001) mencionou que certos flavonóides são conhecidos por possuírem atividade antitumoral, e a elevada atividade de eliminação de radicais livres e a atividade antioxidante total resultam da existência de compostos fenólicos e do tipo flavonoide (Halliwell *et al.*, 1992). O teor mais elevado de compostos fenólicos e flavonóides totais em *C. benedictus* L. pode ser responsável pelo efeito antioxidante (Yin *et al.*, 2007*)*. Chang e os seus colaboradores (2002) referiram que o perfil de flavonóides de *Sonchus oleraceus*, cujas fracções solúveis em água são (luteolina 7-0-glicosídeo), (apigenina 7-0-glicosídeo), (3t, 4, 7-tri-hidroxiflavona), tem actividades farmacológicas e propriedades anti-hepatotóxicas.

Verificou-se que o efeito inibitório citotóxico era diferente entre as concentrações das extracções *de C. benedictus* L, o que pode dever-se ao fenómeno do efeito hormético neste tipo de efeito e que contribuiu para todos os tipos de linhas celulares, sendo que a estimulação do crescimento ocorreu em concentrações baixas, enquanto o crescimento foi inibido em concentrações mais elevadas. Tratou-se de um efeito biológico em toxicologia que representa um efeito de contraste entre a estimulação do crescimento em relação ao crescimento celular de controlo, enquanto as concentrações mais elevadas mostraram uma inibição do crescimento, parcial ou totalmente, e, segundo Al-Shaybanee (2006), o fenómeno do efeito hormético apareceu no *Plantago major* nas linhas celulares AMN-3 e Hep-2.

As Tabelas (3.3 e 3.4) revelaram comparações entre as duas linhas celulares (AMN-3e Ref) expostas a extractos (etanólico e aquoso) de *C. benedictus* L., respetivamente, em diferentes concentrações durante 24, 48 e 72 horas de exposição nas linhas celulares. Os resultados mostraram a variação dos efeitos citotóxicos do extrato dependendo do tipo, da concentração e da duração da exposição. It harat e os seus colegas (2004) relataram estudos *in vitro* sobre a atividade citotóxica de diferentes extractos de plantas contra várias linhas de células cancerígenas e normais, utilizando extractos etanólicos e aquosos. O extrato etanólico de extractos *de C. benedictus* L. teve o maior efeito na inibição do crescimento de ambas as linhas celulares AMN-3 do que o aquoso após os três períodos de exposição. De acordo com Saetung e os seus colegas (2005), os extractos etanólicos de diferentes plantas mostraram atividade citotóxica contra numerosas linhas de células cancerígenas.

4-3: Determinação do LD :50

O teste da dose letal mediana LD50 é considerado um indicador da toxicidade de uma substância, sendo um teste muito importante que deve ser efectuado em ratos antes dos outros testes experimentais. Refere-se à dose letal ou à concentração de uma substância que mata metade dos animais de laboratório, e este teste também depende da escolha da dose terapêutica que pode ser utilizada na experiência (Dixon, 1980).

Nos ratos, a DL50 resultante foi (1000-5000 mg./kg.) e a dose terapêutica selecionada (300mg./kg) para os extractos (etanólico e aquoso) de *C. benedictus* L., respetivamente. Um extrato etanólico apresentou o LD50 mais baixo em ratos após administração subcutânea. No entanto, os extractos podem conter alguns produtos metabólicos nocivos que diferem entre extractos dependendo do tipo de preparação ou podem ser as doses elevadas que matam o animal que levam ao aparecimento de sinais tóxicos nos diferentes órgãos. É possível que uma concentração elevada de qualquer substância química tenha um efeito (inibitório ou estimulante) sobre o ciclo celular (Itoyama *et al.*, 1997). A citotoxicidade dos flavonóides foi proposta com concentrações elevadas, incluindo a inibição de enzimas como a proteína quinase C, a proteína quinase dependente de GMPc, a adenilato ciclase, as topoisomerases do ADN ou a glutationa S-transferase, conduzindo a perturbações do ciclo celular, por exemplo, seguidas de eventos apoptóticos ou necróticos (Formica & Regelson, 1995; Middleton *et al.*, 2000).

As diferenças nos valores da DL50 podem ser atribuídas à variação no método de extração, bem como às espécies animais utilizadas nas experiências de investigação (Al-Dabhawi, 2005).

4-4- Estudo *in vivo*:

Esta experiência foi concebida para avaliar o efeito citotóxico dos extractos (etanólico e aquoso) em ratinhos transplantados AM-3 durante períodos de tratamento de (três semanas).

O transplante de AM-3 surgiu com sucesso em ratinhos fêmeas saudáveis inoculados durante 2-3 semanas. A massa do tumor estava então pronta para tratamento quando atingiu pelo menos 6 milímetros (mm) em qualquer dimensão. Os grupos de controlo mostraram um crescimento avançado do tumor e a massa estava aumentada, com uma consistência mole e endurecida (figura 3-11 A&B) e, por vezes, ulcerada. Enquanto que nos animais tratados a massa tumoral era mais pequena em tamanho e seca, com pouca ulceração em alguns casos (figura 3-11 C&D). Verificou-se a ocorrência de uma grande área de necrose na pele do grupo de controlo de ratinhos que se observou em redor da área da massa tumoral, o que pode dever-se à rápida divisão das células cancerosas que ultrapassa a capacidade dos novos vasos sanguíneos de lhe fornecerem uma quantidade adequada de nutrientes e oxigénio. A necrose irregular é um fenómeno caraterístico dos tumores malignos, que se dividem rapidamente em células cancerosas e causam a morte de algumas delas por não disporem de uma quantidade adequada de nutrientes e oxigénio (Cotran *et al.*, 1999). As dimensões do tumor foram medidas com um vernier em milímetros (mm).

Este estudo explicou que a elevada taxa de sucesso das células cancerígenas transplantadas *in vivo* pode estar relacionada com a propriedade de adaptação específica da espécie, uma vez que as células tumorais foram transplantadas na mesma espécie de ratinhos que receberam as células cancerígenas. A causa pode dever-se à capacidade do sistema imunitário dos ratinhos transplantados de reconhecer as células cancerosas como células estranhas, o que resulta no aparecimento de um tumor. O insucesso das células cancerosas transplantadas em alguns animais pode ser atribuído a mecanismos de defesa não específicos, pelo que as células assassinas naturais (NK) e as células assassinas activadas por linfocinas (LAK) inibem o crescimento do tumor dos animais, que têm a mesma atividade nos tumores humanos. Os mecanismos de defesa não específicos podem ter um efeito importante no fracasso das células cancerígenas transplantadas e, no caso específico, o número de células transplantadas foi reduzido (MacSween & Whaley, 1997).

Os grupos transplantados de ratinhos tratados com extractos (etanólico e aquoso) apresentaram um efeito significativo em todos os períodos da experiência (tabela 3.3 & 3.4) de inibição do crescimento tumoral (T.G.I) para os períodos de (três semanas) respetivamente.

Verificou-se que os grupos tratados exibiram um baixo aumento significativo no (T.G.I) durante os tempos terapêuticos, e alguns tiveram uma diminuição significativa nos níveis ($P<0,05$) no volume do tumor. Isto pode ser devido à presença de compostos polifenólicos e isto corresponde a Wang e os seus colaboradores (2007) provaram que o extrato de compostos polifenólicos exibia uma potencial atividade anticancerígena contra o carcinoma hepatocelular *in vivo* através da inibição da proliferação e da indução da apoptose das células cancerígenas. Ubied (2006) mencionou que animais inoculados com extrato aquoso quente e extrato etanólico de *Olea europea* mostraram um efeito significativo a níveis ($P<0,05$) nos primeiros seis dias da experiência, que se tornou não significativo no décimo oitavo dia e depois aumentou para se tornar significativo.

A inibição do crescimento tumoral dos grupos de animais tratados com extractos (etanólicos e aquosos) de *Cnicus benedictus* L. durante os três períodos exibiu uma inibição significativa a níveis ($P<0,05$) do crescimento tumoral em todos os grupos de extracções e em todos os períodos. Estes extractos mostraram um efeito que aumenta o tempo de vida dos animais (Hullatti *et al.*, 2006; Brusentsov *et al.*, 2007). AL-Fatlawy (2007) provou que as raízes *de Withania somnifera* dun causaram um efeito inibidor significativo no adinocarcinoma induzido experimentalmente em ratos.

Este estudo revelou a inibição do crescimento da massa tumoral de ratinhos tratados com extractos de *Cnicus benedictus* L., e alguns estudos que sugerem os mecanismos das actividades antitumorais de alguns compostos isolados de plantas medicinais. Os compostos alimentares e não alimentares desempenham um papel importante na inibição do processo carcinogénico. Os compostos não alimentares apresentam atividade antitumoral por diferentes mecanismos que têm caraterísticas antioxidantes, desactivando os carcinogéneos ou aumentando as enzimas protectoras nos tecidos do corpo. Os fitoquímicos podem atuar como mais do que um método para mostrar benefícios e efeitos activos (Wang *et al.*, 2007).

4-5- Estudo histopatológico:

O estudo histopatológico mostrou que não existem lesões significativas nem alterações anómalas tóxicas na maioria dos órgãos dos grupos de animais tratados.

Os ratos tratados com extrato etanólico mostraram infiltração de células inflamatórias especialmente após um mês de tratamento e isto pode ser devido às defesas do sistema imunitário no corpo.

No grupo de controlo dos animais tratados, as alterações histopatológicas mostraram células hipercromáticas, pleomórficas e indiferenciadas com figura mitótica (Fig. 3-11). Goldberg e os seus colegas (2004) explicaram que uma caraterística importante das células tumorais é a sua capacidade de crescimento. A disseminação de células malignas no corpo e o seu crescimento é um processo complexo de várias fases, que depende, por um lado, das caraterísticas destas células e do nódulo tumoral primário e, por outro, da resistência antitumoral do hospedeiro. As células malignas conduzem à formação de tumores e o desenvolvimento de células cancerosas tem de formar um nódulo *in vivo* como primeiro passo (Ishihara *et al.*, 1999).

O período de três semanas do grupo de controlo mostra infiltração de células inflamatórias e agregados à volta da veia central do fígado, juntamente com necrose coagulativa das células hepáticas (Fig.3-13). Quando há pouca humidade na peça, o tecido morto pode permanecer com poucas alterações, geralmente sob a forma de necrose caseosa ou coagulativa (Smith, 1972).

O período de três semanas de tratamento com extrato aquoso mostrou uma infiltração de células mononucleares no parênquima do rim (Fig.3-18). As células neoplásicas promovem o seu crescimento não só através do recrutamento de células inflamatórias para o microambiente para promover a secreção de citocinas/quimiocinas pró-inflamatórias, mas também têm a capacidade de regular a produção dos seus próprios sinais químicos pró-inflamatórios (Lin e Karin, 2007).

No período de tratamento, a destruição histológica mostra necrose coagulativa, uma grande área de hepatócitos com dilatação dos sinusóides que contêm células inflamatórias (Fig. 3-17). Isto pode dever-se ao fator de necrose tumoral a (TNF), que é considerado uma citocina potente, pleiotrópica e pró-inflamatória, produzida por macrófagos, neutrófilos, fibroblastos, queratinócitos, células NK, T e B e também por células tumorais. O TNF liga-se a um de dois receptores, TNF-R1 ou TNF-R2, expressos em praticamente todos os tipos de células de mamíferos. Segundo Witte e seus colegas (2003), o TNF recebeu este nome devido à sua capacidade, quando administrado em doses farmacológicas, de provocar a necrose de tumores em modelos experimentais. O TNF produzido pelo organismo medeia as respostas do hospedeiro em condições inflamatórias agudas e crónicas e ajuda na proteção do hospedeiro contra infecções e doenças malignas.

No grupo tratado com extrato etanólico, o período de três semanas de tratamento mostrou no fígado agregação de células mononucleares à volta da veia central congestionada, e continha células inflamatórias no seu lúmen (Fig.3-14). No período de três semanas, a massa de células cancerígenas apresentou alterações necróticas e necrose grave da massa cancerígena. A necrose já foi definida como a morte de células ou tecidos enquanto o corpo como um todo ainda vive. Actua então como um irritante para o tecido vivo circundante e incita uma reação inflamatória celular (leucocitária) à sua volta (Smith, 1972). A necrose é um aspeto histológico caraterístico do tratamento, que é subsequentemente substituído por tecido conjuntivo fibroso, bem como por uma redução acentuada do tecido tumoral.

Os componentes dos extractos *de Cnicus benedictus* L. podem ter ativação do sistema imunitário para além do efeito anti-tumoral. Isto pode explicar o tecido de substituição da massa tumoral com grandes áreas de necrose e rodeado por células inflamatórias e células mononucleares. Durante uma resposta de cicatrização de feridas, a inflamação ocorre porque as células imunitárias se acumulam no local do dano tecidular (Rakoff-Nahoum, 2006). As células imunitárias tentam reparar o tecido danificado libertando vários sinais químicos (citocinas/quimiocinas) para criar um ambiente que promove a proliferação (crescimento) celular. As células imunitárias mantêm este ambiente enriquecido até que o tecido danificado tenha sido reparado ou substituído por tecido saudável (Coussens e Werb, 2002).

Estes resultados sugerem que os extractos de *Cnicus benedictus* L. têm um efeito antitumoral que necessita de mais investigações. O extrato etanólico mostrou um efeito inibidor nas linhas de células cancerígenas *in vitro* melhor do que os extractos aquosos. Este estudo provou que os extractos de *Cnicus benedictus* L. provocaram um atraso no crescimento do tumor transplantado em ratos e tiveram a capacidade de impedir o crescimento.

Conclusões

A partir dos resultados deste estudo, podem ser apresentadas as seguintes conclusões:

1-As plantas contêm compostos metabólicos essenciais: alcalóides, flavonóides, terpenos, taninos e cumarinas.

2- Possuir na planta, em proporções variáveis, os compostos efectivos cnicina , arctigenina e arctiina por HPLC.

3- No estudo *in vitro*, o extrato etanólico de *Cnicus benedictus* L. mostrou efeitos inibidores do crescimento mais do que os extractos aquosos.

4- A linha celular (AMN-3) revelou uma resposta significativa aos extractos etanólico, a frio e aquoso, mais do que as outras linhas celulares na mesma concentração e duração de exposição.

5- Os grupos de ratinhos transplantados que foram tratados com extractos etanólicos e aquosos no estudo histopatológico mostraram infiltração de células inflamatórias na maioria dos órgãos.

Recomendações

1-Purificação de ingredientes activos, tais como flavonóides, glicosídeos, taninos, Vit-C e outros, que podem ser considerados agentes anticancerígenos.

2- Utilização de outras linhas de células cancerosas diferentes, bem como de linhas de células normais, para estudar a citotoxicidade do extrato *de Cnicus benedictus* L.

3- Estudar o papel dos extractos *de Cnicus benedictus* L. na estimulação do sistema imunitário, que é muito importante na prevenção e no tratamento do cancro.

4- Outras investigações alargadas a nível molecular para detetar o mecanismo de inibição do crescimento *in vitro* e *in vivo*.

5- Estudo do efeito inibitório do índice mitótico (MI%) em linfócitos sanguíneos anormais, como os de doentes infectados com leucemia ou linfoma.

6- Estudo do efeito de misturas de extractos *de Cnicus benedictus* L. e outros extractos de plantas em doentes infectados com leucemia ou linfoma.

7- Comparação entre o efeito dos extractos *de Cnicus benedictus* L. e a quimioterapia atualmente utilizada.

Referências :

Al-Raway, A. (1988). Poisonous Plants of Iraq (Plantas venenosas do Iraque). Ministério da Agricultura e Irrigação. Bagdade, Iraque. p.122-125.

Al-Abed, K. F.(2008). Atividade antibacteriana e anti-candida nos óleos voláteis de algumas plantas medicinais da Arábia Saudita Microbiologia, aureus, Bacillus, Escherichia coli fora do corpo do organismo. Mensagem Majstar- Faculdade de Educação, Universidade de Riade.

AL- Fatlawy, A.H.J. (2007). Estudo do efeito *in vitro* e *in vivo* dos extractos alcoólicos das raízes *de Withania somnifera* dun na linha de células cancerígenas e no adenocarcinoma mamário induzido experimentalmente em ratos. Tese de Mestrado. Faculdade de Medicina Veterinária. Universidade de Bagdade, Iraque.

Al-Hilli, Z.A. (2004). Efeito de extractos brutos *de Cyperus rotundus* em linhas de células cancerígenas. Tese de Mestrado. Faculdade de Ciências. Univ. de Bagdade, Iraque.

AL-Mosawy, W.F.I. (2008). Efeito dos Extractos Aquoso e Alcoólico do Cogumelo Agaricus bisporus em algumas Células Tumorais In vitro e In vivo. Tese de doutoramento. Faculdade de Ciências. Universidade de Al-Mustansiriyah, Iraque.

Al-Mousawi, A. M. J. (2006). Estudo do efeito de extractos brutos de *Salix acmophylla* em linhas de células cancerígenas e linfócitos humanos normais in vitro. Tese de Mestrado. Faculdade de Educação Tese de Mestrado. Universidade de Karbalaa, Iraque.

Al-Mousawi, A. M. J. (2006). Estudo do efeito de extractos brutos de *Salix acmophylla* em linhas de células cancerígenas e linfócitos humanos normais in vitro. Tese de Mestrado. Faculdade de Educação Tese de Mestrado. Universidade de Karbalaa, Iraque.

Al-Shamery, A. M. H. (2003). O estudo do efeito do vírus da doença de Newcastle no tratamento de tumores transplantados em ratos. Tese de Mestrado. Faculdade de Medicina Veterinária, Universidade de Bagdade, Iraque.

Al-Shaybanee, R. D.H. (2006). Estudo do efeito de algumas extracções de folhas de *Nerium oleander* puras e em bruto nas células normais e linhas de células cancerígenas in vitro e in vivo. Tese de doutoramento. Faculdade de Ciências. Universidade AL-Mustansiriyah, Iraque.

AL-Taae, E. H. Y. (2007). Estudo do Efeito Patológico, Imunológico e Citogenético da *Urtica dioica* no Crescimento de Células Cancerígenas in vitro e Tratamento de Tumor Transplantado em Ratos Brancos in vivo. Tese de Doutoramento. Faculdade de Medicina Veterinária. Universidade de Bagdade, Iraque.

AL-Tymimie, M. A. H. (2007). O efeito do extrato bruto das sementes e folhas de Apium graveolens Var dulce nos adenocarcinomas da glândula mamária em ratinhos albinos fêmeas. Dissertação de Mestrado. Faculdade de Ciências para mulheres. Universidade de Bagdade, Iraque.

Bagchi, D.; e Preuss, H. (2005). Phytopharmaceuticals in Cancer Chemoprevention (Fitofármacos na prevenção do cancro). Boca Raton: CRC Press.

Bahia, H.; Ashman, J.; Cawkwell, L.; Lind, M.; Monson, J.; Drew, P.J. e Greenman,J.(2002). Variação cariotípica entre estirpes de cultura independente da linha celular MCF-7 identificada por hibridação in situ de fluorescência multicolorida. Int. J. Oncol. 20:489-494.

Bakker, P.I.; Yelensky, R.; Pe'er, I.; Gabriel, S.B.; Daly, M.J. e Altshuler, D. (2005). Efficiency and power in genetic association studies (Eficiência e poder em estudos de associação genética). Nat Genet. 37:1217-1223.

Bauer, T.R Jr; Allen, J.M; Hai, M; Tuschong, L.M; Khan, I.F; Olson, E.M; Adler, R.L; Burkholder, T.H, Gu Y.C; Russell, D.W; Hickstein, D.D. (2008). Tratamento bem sucedido da deficiência de adesão de leucócitos caninos por vectores de vírus espumosos. Nat. Med. 14:93-7.

Berry, D.A.; Broadwater, G. e Klein, J.P. (2002). High-dose versus standard chemotherapy in metastatic breast cancer: comparison of cancer and leukemia group B trials with data from the autologous blood and marrow Transplant Registry. J. Clin. Oncol. 20: 743-50.

Berstein, L.; Zimarina, T.;Imyanitov, E.; Kovalevskij, A.; Maximov, S.;Pujol, P. e Thijssen, J. (2006). Desequilíbrio hormonal em dois tipos de cancro do endométrio e polimorfismo genético das enzimas esteroidogénicas. Maturitas. 54: 352-5.

Betancur-Galvis, L. A.; Morales, G. E.; Forero, J. E. e Roldan, J. (2002). Atividade Citotóxica e Antiviral do Extrato de Planta Medicinal Colombiana do Género *Euphorbia. Mem. Inst. Oswaldo Cruz, Rio de Janeiro*, 97(4): 541-546.

Beyerl, P., (1998). Um compêndio de magia com ervas. Editora Phoenix.
Binzel, P. (2000). Cancro primário: Pacientes excluídos deste estudo. Em Alive and Well: One Doctor's Experience with Nutrition in the Treatment of Cancer Patients. Westlake Village, CA: American Media: 109.
Blichert-Toft, M.; Rose, C. e Andersen, J.A. (1992). Ensaio aleatório dinamarquês que compara a terapia de conservação da mama com a mastectomia. J. Natl. Cancer Inst. Monogr. 19-25.
Bocchinfuso, W.P.; Hively ,W.P.; Couse, J.F.; Varmus, H.E. e Korach, K.S. A. (1999). O transgene do vírus do tumor mamário do rato-Wnt-1 induz hiperplasia da glândula mamária e tumorigénese em ratos sem recetor de estrogénio-alfa. Cancer Res. 59:18691876.
Boonyaprapatsorn, N. e Chokchaijaroenporn, A. (2000). Medicinal Plant. Centro de Dados de Plantas Medicinais, Faculdade de Ciências Farmacêuticas, Universidade Mahidol, Banguecoque.
Bos, J. (1989). Ras oncogenes in human cancer. Cancer Res. 49: 4682-9.
Boulton, S.J. e Jackson, S.P. Saccharomyces cerevisiae Ku70 potencia a reparação ilegítima da quebra da dupla cadeia de ADN e serve de barreira às vias de reparação do ADN propensas a erros. EMBO J. (1996). 15: 5093-103.
Brusentsov, N. A.; Brusentsova, T.N.; Filinova, E.Y.; Jurchenko, N.Y.; Kupriyanov, D. A.; Pirogov, Y. A.; Dubina, A. I.; Shumskikh, M. N.; Shumakov, L.I.; Anashkina, E. N.; Shevelev, A. A. e Uchevatkin, A. A. (2007). Termoquimioterapia magnetohidrodinâmica e ressonância magnética de tumores de rato. Journal of Magnetism and Magnetic Materials. 311: 176180.
Budman, J. e Chu, G. (2005). Processamento de ADN para junção de extremidades não homólogas por extrato livre de células. EMBO J. 24: 849-60.
Burdall, S. E.; Hanby, A. M.; Lansdown, M.R.J. e Speirs, V. (2003). Linhas celulares de cancro da mama. Breast Cancer Res. 5:89-95.
Caceres-Cortes, J.R.; Cantu-Garza, F.A.; Mendoza-Mata, M.T.; Chavez-Gonzales, M.A.; Ramos-Mandujano, G. e Zambrano-Ramirez, I.R. (2001). A atividade citotóxica da *Justicia spicigera* é inibida pelo proto-oncogene bcl-2 e induz a apoptose de uma forma dependente do ciclo celular. Phytother. Res. 15: 691-697.
Carbone, M.; Klein, G.; Gruber, J. e Wong, M. (2004). Critérios modernos para estabelecer a etiologia do cancro humano. Cancer Research. 64: 5518-5524.
Card ,D.R.(2010). Os benefícios do cardo mariano em preparações à base de plantas. Tese sobre o cardo mariano. p.;3.
Carlsen, K.; Dalton, S. O., Frederiksen, K., Diderichsen, F. e Johansen, C. (2007). Os sobreviventes de cancro correm um risco acrescido de divórcio? Um estudo de coorte dinamarquês. European Journal of Cancer. 43: 2093-2099.
Cartmel, B.; Reid, M.; Groenwald, S.L.; Frogge, M.H.; Goodman, M. e Yarbro, C.H. (1997). Controlo do cancro e epidemiologia In: Cancer Nursing Principles and Practice. 4ª ed. Boston, MA: Jones and Bartlett. P. 50-74.
Cassileth, B.R. e Deng, G. (2004). Terapias complementares e alternativas para o cancro. Oncologist. 9: 80-9.
Chabner, E.; Nixon, A. e Gelman, R. (1998). Family history and treatment outcome in young women after breast-conserving surgery and radiation therapy for early-stage breast cancer. J. Clin.Oncol. 16: 2045-51.
Chang, C.C.; Yang, M.H.; Wen, H.M. e Chern, J.C. (2002). Estimativa do teor de flavonóides totais em própolis por dois métodos colorimétricos complementares. Journal of Food and Drug Analysis. 10: 178-182.
Chang, E.H.; Furth, M.E.; Scolnick, E.M. e Lowy, D.R. (1982). Transformação tumorigénica de células de mamíferos induzida por um gene humano normal homólogo ao oncogene do vírus do sarcoma murino de Harvey. Nature. 297: 479-83.
Chen, C, Kong, AN. (2005). Compostos quimiopreventivos do cancro na dieta: da sinalização e expressão genética aos efeitos farmacológicos. Trends Pharmacol Sci. 26: 318-326.
Chen, Y.G.; Lui, H. M.; Lin, S.L.; Lee J. M. e Ying, S.Y. (2002). Regulação da Proliferação Celular, Apoptose e Carcinogénese pela Activina. Experimental Biology and Medicine. 227:75-87.
Cheung, T.K.; Xia, H.H. e Wong, B.C. (2007). Erradicação *da Helicobacter pylori* para a

prevenção do cancro gástrico. J. Gastroenterol. 42: 10-5.
Christopher ,John R.(1996). School of Natural Healing, (décima primeira edição) springville, Utah: Christopher publication.
Chumchalova, J. e Smarda, J. (2003). Células Tumorais Humanas são Seletivamente Inibidas por Colicinas. Folia Microbiol. 48: 111-5.
Clark, R.M.; McCulloch, P.B. e Levine, M.N. (1992). Randomized clinical trial to assess the effectiveness of breast irradiation following lumpectomy and axillary dissection for node-negative breast cancer. J. Natl. Cancer Inst. 84: 683-9.
Cotran, R.S.; Kumar, V. e Collins, T. (1999): Robbins pathologic basis of disease. 6ª ed. WB Saunders Co: Toronto.
Coussens, L. e Werb, Z. (2002). Inflammation and cancer (Inflamação e cancro). Nature. 420: 860-867.
Croce, C. M. (2008). Oncogenes e cancro. Origens moleculares do cancro. 358: 502-511.
Cruickshank, R.; Duguid, J. P.; Mormion, B. P. e Swain, R. H. A., (1975). Medical Microbiology, Vol. 2, 12th ed. Edinburgh: Churchil Living Stone.
Cui, H.; Cruz-Correa, M. e Giardiello, F.M. (2003). Loss of IGF2 imprinting: a potential marker of colorectal cancer risk. Science. 299: 1679-80.
Danaei, G.; Vander Hoorn, S.; Lopez, A.D.; Murray, C.J.; Ezzati, M. (2005). Causes of cancer in the world: comparative risk assessment of nine behavioural and environmental risk factors (Causas de cancro no mundo: avaliação comparativa do risco de nove factores de risco comportamentais e ambientais). Lancet. 366: 1784-93.
Darling D.C. e Morgan S.J. (1994). Animal cells : Culture and Media. John Wiley and Sons , Chichester. Pp.40-118.
Denissenko, M. F.; Cahill, J.; Gerber, N. e Pfeifer, G. P. (2000). Quantificação e mapeamento dos danos no ADN induzidos pela aflatoxina B1. In: Genomic DNA using aflatoxin B1-89 epoxide and microsomal activation system. Mutat, Res., 425: 205-211.
Derks, S.; Postma, C.; Carvalho, B.; Van den Bosch, S.M.; Moerkerk, P. T.M.; Herman, J. G.; Weijenberg, M. P.; De Bruine, A. P.; Meijer, G.A. e Van Engeland, M. (2008). Integrated analysis of chromosomal, microsatellite and epigenetic instability in colorectal cancer identifies specific associations between promoter methylation of pivotal tumor suppressor and DNA repair genes and specific chromosomal alterations. Carcinogenesis. 29: 434-439.
DeVita, V.T J.; Hellman, S. e Rosenberg, S.A. (1997). Cancer: Principles & Practice of Oncology. 5th ed. Philadelphia, PA: JB Lippincott.
Dixon, W.J. (1980): Análise eficiente de observações experimentais. Ann. Res. Pharmacol. Toxicol., 20: 441-462.
Dolle, M.E.; Busuttil, R.A.; Garcia, A.M.; Wijnhoven, S.; Van Drunen, E.; Niedernhofer, L.J.; Van der Horst, G.; Hoeijmakers, J.H.; Van Steeg, H. e Vijg, J. (2006). O aumento da instabilidade genómica não é um pré-requisito para o encurtamento do tempo de vida em ratinhos deficientes na reparação do ADN. Mutation Research. 596: 22-35.
Dorai, T. e Aggarwal, B.B. (2004). Role of chemopreventive agents in cancer therapy (Papel dos agentes quimiopreventivos na terapia do cancro). Cancer Lett. 215:129-140.
Dudley, M.E; Wunderlich, J.R; Yang, J.C; Sherry, R.M; Topalian, S.L; Restifo, N.P; Royal, R.E; Kammula, U; White, D.E; Mavroukakis, S.A. (2005). Terapia de transferência de células adoptivas após quimioterapia não mieloablativa mas linfodepletora para o tratamento de doentes com melanoma metástico refratário. Journal of Clinical Oncology. 23:10.
Efferth, T.; Kahl, S.; Paulus, K.; Adams, M.; Rauh, R.; Boechzelt, H.; Hao, X.; Kaina B. e Bauer, R. (2008). Fitoquímica e Farmacogenómica de produtos naturais derivados da medicina tradicional chinesa com atividade contra células tumorais. Terapia Molecular do Cancro. 7: 152.
Elder, D. J.; Halto, D. E.; Crew, T. E.; Paraskeva, C. (2000). Int. J.Cancer. 86: 553.
Ellmore, G.S. e Feldberg, R.S. (1994) "AlliinLyase Localization in Bundle Sheaths of the Garlic Clove (Allium sativum L.)" American Journal of Botany 81: 89-94.
Ernst, E. (2007). Medicamentos à base de plantas: equilíbrio entre benefícios e riscos. Novartis Found Symp. 282: 154-67.
Evans, A.S.; Mueller, N.E. (1990). Vírus e associações causais do cancro. Ann. Epidemiol. 1: 71-92.
Everitt, J.H.; Lonard, R.L. e Little, C.R. (2007). Weeds in South Texas and Northern Mexico.

Lubbock: Texas Tech. University Press. ISBN 0-89672-614-2.
Fleming, I.D. Lenhard R.E.; Osteen RT; Gansler T. (2001). "Terapia cirúrgica" In: Clinical Oncology. Atlanta GA: American Cancer Society: 160-165.
Fodde, R. e Smits, R. (2002). Biologia do cancro. Uma questão de dosagem. Science. 298: 761-3.
Fong, Y.; Kemeny, N.; Lawrence, T.S.; De Vita, V.; Helmann, S.; Rosenberg, S. (2001). Cancro do fígado e do trato biliar. Princípios e prática da oncologia. 6th ed. p. 1162-203.Lippincott, Wilkins & Williams Philadelphia.
Formica, J. V. & Regelson, W. (1995). Revisão da biologia da quercetina e bioflavonóides relacionados. Food Chem. Toxicol. 33: 1061-1080.
Fraumeni, J. F.; Robert, J.; Leo, S. D. e Kinlen, J. (2006). Cancer. Principles & Practice of Oncology. 3ª ed. p 13-16.
Freshney, R. S. (1994). Cultura de células animais, (3.ª ed.). A manual of Basic Technique Wileg. Liss Inc 605 Third Avenual, New York, Press.
Freshney, R.I. (2000). Cultura de células animais: Um manual de técnica básica (4th ed.). *Wiley-liss, A John wiley & sons, Inc. publication, New york*.pp:486.
Fyles, A.W.; McCready, D.R. and Manchul, L.A. (2004).Tamoxifeno com ou sem irradiação da mama em mulheres com 50 anos de idade ou mais com cancro da mama precoce. N. Engl J. Med. 351: 963-70.
Gao, S.; Yu, B.; Li, Y.; Dong, W. e Luo, H. (2003). Efeito antiproliferativo do Octreotide em células gástricas mediado pela inibição de Akt/PKB e telomerase. *World J. Gastroentrol*, 9: 2362-5.
Gdanski, R. (2003). O cancro é causado por lesões infectadas. Cancro. 11: 26 - 28.
Gibbs, R.D. (1974).Chemotaxonomy of Flowering Plants. Montreal e Londres, McGill Queen's University Press.
Gol dberg, E.D.; Amosova, E.N.; Zueva, E.P.; Razina, T.G.; Krylova, S.G. e Reikhart. D.V. (2004). Efeitos de Extractos de Plantas Medicinais no Desenvolvimento do Processo Metastático Boletim de Biologia Experimental e Medicina. 138: 3.
Gross, L. (1951). Proc. Soc. Exp. Biol. Med. 78: 342-348.
Gross, L. (1953). Ata Haemat. 10: 18-26.
Gross, L. (1961). Proc. Soc. Exp. Biol. Med. 106: 890-893.
Gross, L. (1983). Oncogenic Viruses. Pergamon, Oxford, 3ª Ed.
Gross, L. (1997). The role of viruses in the etiology of cancer and leukemia in animals and in humans. Proc. Natl. Acad. Sci. 94: 4237-4238.
Grote, D.; Russel, S.J.; cornu, T.I; cattaneo, R.; Vile,R.; Poland, G.A. e fielding, A.K.(2001) O vírus do sarampo atenuado no fígado induz a regressão de xenoenxertos de linfoma humano em ratinhos imunodeficientes Sangue, 97(12).4
Hahn, C. (2002). Weinberg RA Regras para a produção de células tumorais humanas. N. Engl. J. Med. 347: 1593-603.
Halliwell, B.; Gutteridge, J.M.C. e Cross, C.E. (1992). Radicais livres, antioxidantes e doenças humanas. J Lab Clin. Med. 119: 598-620.
Halverson, K.J.; Perez, C.A. e Kuske, R.R. (1990). Recorrência local-regional isolada de cancro da mama após mastectomia. Int. J. Radiat. Oncol. Biol. Phys. 19: 851-8.
Halverson, K.J.; Perez, C.A. e Kuske, R.R. (1992). Survival following locoregional recurrence of breast cancer: univariate and multivariate analysis. Int. J. Radiat. Oncol. Biol. Phys. 23: 28591.
Han, A.; Yang, L. e Frazier, A. B. (2007). Quantificação da heterogeneidade em linhas celulares de cancro da mama utilizando espetroscopia de impedância de células inteiras. Clinical Cancer Research. 13: 139-143.
Hanahan, D. e Weinberg, R.A. (2000). The hallmarks of cancer. Cell. 100: 57-70.
Harborn, J. B. (1986.). "The Flavonoids" . Advanced in Research since. londres,VK:chapmon&Hall.
Harborne, J.B. (1985).Phytochemical methods. 2º ED, Nova Iorque, EUA.Chapman and hall.
Harborne, J.B. ; Marbay, T.J. e Mabray, H. (1975). Physiology and function of flavonoids. Academic Press, New . York, pp.970.
Hartwell, J.L. (1971). Plantas usadas contra o cancro. Lioydia. 32: 204-255.
Hausen, H. (1991). Vírus em cancros humanos. Science. 254: 1167.

Henderson, B.E.; Bernstein, L. e Ross, L. (2000). Etiologia do cancro: Chemical Factors. In: Principles and Practice of Oncology. (5th ed.). Lippincott-Raven Publishers, Filadélfia, P. 219-229.
Hensley, M.L.; Schuchter, L.M. e Lindley, C. (1999). American Society of Clinical Oncology clinical practice guidelines for the use of chemotherapy and radiotherapy protectants (Diretrizes de prática clínica da Sociedade Americana de Oncologia Clínica para a utilização de protectores de quimioterapia e radioterapia). J. Clin. Oncol. 17: 3333-55.
Herzig, M. e Christoori, G. (2002): Avanços recentes na investigação do cancro: Mouse models of tumorgenesis. Boicheim. Biophys. Ata. 1602: 97-113.
Hirohashi, S. e Kanai, Y. (2003). Cell adhesion system and human cancer morphogenesis (Sistema de adesão celular e morfogénese do cancro humano). Cancer Sci. **94**: 575-81.
Honig, S.F.; Harris, J.R.; Morrow, M. e Lippman, M.E. (1996). Hormonal therapy and chemotherapy. In: Diseases of the Breast (Doenças da Mama). Lippincott Raven Publishers: Philadelphia, Pa. p. 669-734.
Hopman,E. (1995). A erva de um druida. Livros de destino.
Howard, L.R; Pandjaitan, N; Morelock, T e Gil, M.I. (2002).
Capacidade antioxidante e teor fenólico dos espinafres afectados pela genética e pela estação de crescimento. J Agric Food Chem. 50: 58915896.
Hughes, K.S.; Schnaper, L.A. e Berry, D. (2004). Lumpectomy plus tamoxifen with or without irradiation in women 70 years of age or older with early breast cancer. N. Engl. J. Med. 351: 971-7.
Hullatti, K.K.; Murthy, U.D. e Shrinath B.R. (2006). Efeitos inibitórios in vitro e in vivo dos extractos de frutos de Piper longum no carcinoma de ascite de Ehrlich do rato. Revista Pharmacognosy. 973-1296.
Hunt, K; Vorburger, S; e Swisher, S. (2008). Terapia genética para o cancro. AMA. 299: 1367-1368.
Ibarra, I.; Erlich, Y.; Muthuswamy, S.K.; Sachidanandam, R. e Hannon, G. (2007). Role for microRNAs in maintenance of mouse mammary epithelial progenitor cells. Genes. 10: 516.
Ishihara, Y.; Matsunaga, K.; Iljima, H.; Fujit, T.; Oguchi, Y. ; Kagawa, J. (1999). Efeitos dependentes do tempo da aplicação de stressor na metástase de células tumorais no pulmão e sua regulação por um imunomodulador em ratos. Psychoneuroendocrinology. 24: 713-726.
Itharat, A.; Hou ghton, P.J.; Eno-Amooquaye, E.; Burke, P.J.; Sampson, J.H., e Ramam, A. (2004). Atividade citotóxica *in vitro* de plantas medicinais tailandesas utilizadas tradicionalmente no tratamento do cancro. J. Ethnopharm. 90: 33-38.
Itoyama, M.M., Bicudo, H. e Cordeiro, J.A. (1997). Efeitos da cafeína sobre o índice mitótico em Drosophila prosaltans (Diptera). Revista Brasileira de Genética. 20: 655-657.
Izquierdo, M. (2005). RNAs de interferência curta como uma ferramenta para a terapia genética do cancro. Cancer Gene Therapy. 12: 217-227.
Karakaya, S. (2004). Actividades de eliminação de radicais e de quelação de ferro de algumas verduras utilizadas como pratos tradicionais na dieta mediterrânica. Int.J. Food Sci. Nutr. 55: 67-74.
Kemper.K.J.(1999). Cardo abençoado (*Cnicus benedictus* L.), Longwood Herbal Task Force.pp.11.
Keville,K., (1991). The illustrated herb encyclopedia. Mallard press.
Kim, E. H.; Na, H.K.; Kim, D.H.; Park, S.A.; Kim, H.N.; Song, N.Y. e Surh, Y.J. (2008). A 15-Deoxi-prostaglandina J2 induz a expressão de COX-2 através da ativação da AP-1 conduzida por Akt em células de cancro da mama humano: um papel potencial das ROS. Carcinogenesis.29: 688695.
Kleinman, H.K. e Liau, G. (2001). Terapia genética para a antiangiogénese. J. Natl. Cancer Inst. 93: 965-7.
Kleinsmith, L.J. (2006). Pearson Benjamin Cummings. Princípios da Biologia do Cancro. ISBN 0-80534-003-3.
Knudson, A.G. (1971). Mutação e cancro: estudo estatístico do retinoblastoma. Proc. Acad. Nacional de Ciências. **68**: 820-3.
Knudson, A.G. (2001). Two genetic hits to cancer. Nat. Rev. Cancer. 1: 157-62.
Kokate, C.K.; Purohit, A.P. e Gokhale, S.B. (2008).Pharmacognosy. NiraliPrakashan 2009; 6:16- 17.

Koontz, D. e Hinze, J. (1999). Síndrome do intestino solto, origens, efeitos e terapias: a ligação médica entre a disbiose e muitas doenças graves. 19: 6.
Kruger, L.; Demuth, I.; Neitzel, H.;. Varon, R ; Sperling, K.; Krystyna H.; Seemanova, E. e Digweed, M. (2007). A incidência de cancro na síndrome de quebra de Nijmegen é modulada pela quantidade de uma proteína NBS variante. Carcinogénese. 28: 107-111.
Kubota, K.; Soeda, J.; Misawa, R.; Mihara, M.; Miwa, S.; Ise, H.; Takahashi, M. e Miyagawa, S. (2008). As células derivadas da medula óssea fundem-se com células ovais hepáticas, mas não estão envolvidas na tumorigénese hepática no modelo de rato com dieta deficiente em colina e suplementada com etionina. Carcinogenesis. 29: 448-454.
Kufe, D.W.; Pollack, R.E. e Weichselbaum, R.R. (2003). Cancer Medicine.6th Ed. Lewiston, NY: BC Decker.
Kumar, A.; Soares, H. e Wells, R. (2005). Estudo observacional de ensaios aleatórios controlados do Children's Oncology Group. BMJ. 331: 1295.
Kumar, V.; Cotran, R.S. e Robbins, S. L. (2003). Robbins basic pathology. (7th ed.) . Saunders, Pennsylvania, U.S.A. . Pp:165- 210.
Kunstmann, E.; Vieland, J.e Brasch, F.E. (2004). HNPCC: Seis novas mutações patogénicas. BMC Med. Genet. 5: 16.
Kushman, M. E.; Kabler, S.L.; Fleming, M. H.; Ravoori, S.; Gupta, R.C.; Doehmer, J.; Morrow, C. S. e Townsend, A.J. (2007). A expressão da glutationa S-transferase P1 humana confere resistência à mutagénese do benzopireno ou do benzopireno-7, 8-dihidrodiol, à alquilação macromolecular e à formação de aductos N2-Gua-BPDE estáveis em células V79MZ estavelmente transfectadas que co-expressam CYP1A1.Carcinogenesis. 28: 207-214.
Laden, F.; Stampfer, M.J. e Walker, A.M. (2004). Cancro do pulmão e mesotelioma entre mecânicos de automóveis do sexo masculino. Environmental Health. 19: 39-61.
Lebedeva, L. (2008). A quimioprevenção por álcool perílico associada à terapia genética viral reduz a patogénese do cancro pancreático. Molecular Cancer Therapeutics. 7: 2042.
Lee K., Kim Y., Kim D., Lee H., e Lee C. (2006). Principais fenólicos da maçã e sua contribuição para a capacidade antioxidante total.
Lee, S. A.; Haiman, C. A.; Burtt, N. P.; Pooler, L.C.; Cheng, I.; Kolone, L. N.; Pike, M. C.; Altshuler, D.; Hirschhorn, J. N.; Henderson B.E. e Stram, D. O. (2007). Uma análise abrangente da variação genética comum nos genes da prolactina (PRL) e do recetor da PRL (PRLR) em relação aos níveis plasmáticos de prolactina e ao risco de cancro da mama: a Coorte Multiétnica. BMC Medical Genetics. 8: 72.
Leonelli, C.; Veronesi, P.; Boccaccini, D. N.; Rivasi, M. R.; Barbieri, L.; Andreola, F.; Lancellotti, I.; Rabitti, D. e Pellacani, G. C. (2006). Inertização térmica por micro-ondas de resíduos contendo amianto e sua reciclagem em cerâmicas tradicionais. Journal of Hazardous Materials. 135: 149-155.
Li, Y. M.; Ohmo, Y.; Minatoguchi, S.; Fukuda, K. e Fujiwora,H. (2003). Extractos das raízes de *Lindera strychifolia* induzem apoptose em células de cancro do pulmão e prolongam a sobrevivência do tumor. Camundongos com tumor. Am. J. Clin. Med. 31: 857 - 869.
Lin, W. e Karin, M. (2007). A cytokine-mediated link between innate immunity, inflammation, and cancer. The Journal of Clinical Investigation. 5: 1175-1183.
Little, J. B. (2000). Radiation carcinogenesis. Carcinogenesis. 21: 397404.
Lodish, H.; Berk, A.; Matsudaira, P.; Kaiser, C.A.; Krieger, M.; Scott, M.P.; Zipursky, S.L. e Darnell, J. (2004). Molecular Biology of the Cell. P 963. WH Freeman: Nova Iorque, NY. 5^{a} ed.
Luna, L.G. (1968). Manual de métodos de coloração histológica do Instituto de Patologia das Forças Armadas. 3rd ed., McGraw-Hill book company. Nova Iorque, EUA.
Ma, M.; Hong, C.L.; An, S.Q. e Li, B. (2003). Variação sazonal, espacial e interespecífica da quercetina em *apocynum venetum* e *poacynum hendersonii*, chás de ervas tradicionais chineses. J Agric. Food Chem. 51: 2390-2393.
Ma'at-Ra, D. (2006). Cancro: Causes and Remedies (Part Two). 13.
MacSween, R.N.M. e Whaley, K. (1997). Muir's textbook of pathology, (13th ed.), Oxford University Press Inc., Nova Iorque, EUA, p. 355-409.
Mahony, D. E.: Gilliatt, E.: Dawson, S.: Stockdale, E. e Lee, S.H.S. (1989). Ensaio celular para a deteção rápida da enterotoxina *de Clostridium Perfringens*. Applied and Environmental Microbiol. 2141-2143.
Maki, A. M. A.; Abdel-Ghaffar, S. e El-Gibaly, I. (2001). A aflatoxina B1 induz apoptose no

fígado de ratos: efeito protetor da melatonina. Neuroendocinology Letters, 22: 417-426.
Matoba, S.; Kang, J.; Patino, W.; Wragg, A.; Boehm, M.; Gavrilova, O.; Hurley, P.; Bunz, F. e Hwang, P. (2006). P53 regula a respiração mitocondrial. Science. **312**: 1650-3.
Mbeunkui, F.; Fodstad, O., e Pannell, L. K. (2006). Enriquecimento e análise de proteínas secretoras: uma abordagem optimizada aplicada a linhas celulares cancerígenas utilizando 2D LC-MS/MS. J. Proteome Res. 5: 899 - 906.
McGuffin M, Hobbs C, Upton R, Goldberg A.(1997) .American Herbal Products Association's Botanical Safety Handbook. Boca Raton. Nova Iorque: CRC Press,:231.
Mellemkjaer, L.; Hammarstrom, L. e Andersen, V. (2002). Risco de cancro entre os doentes com deficiência de IgA ou imunodeficiência comum variável e os seus familiares: um estudo combinado dinamarquês e sueco. Clin. Exp. Immunol. 130: 495-500.
Merlo, L.M.; **Pepper, J.W.; Reid, B.J. e Maley, C.C.** (2006). O cancro como um processo evolutivo e ecológico. Nat. Rev.Cancer. 6: 924-935.
Middleton, E.; Jr Kandaswami, C. e Theoharides, T. C. (2000). The effects of plant flavonoids on mammalian cells: implications for inflammation, heart disease, and cancer. Pharmacol. Rev. 52: 673-751.
Miyamoto, S.; **Yasui, Y.; Kim, M.; Sugie, S.; Murakami, A.; Ishigamori-Suzuki, R. e Tanaka, T.** (2008). Um novo modelo de carcinogénese de ratinho rasH2 que é altamente suscetível à carcinogénese da língua e do esófago induzida por 4-NQO é útil para estudos pré-clínicos de quimioprevenção. Carcinogenesis. 29: 418426.
Mostofi, F. K. e Sesterhenn, I. A. (1984). Patologia dos tumores epiteliais e carcinoma in situ da bexiga. Prog. Clin. Biol. Res. 62: 55-74.
Moynihan, T. (2008). As causas do cancro. Mayo. Clinic. 2: 22.
Mukherjee, A.K; Basu, S.; Sarkar, N. e Ghosh, A.C. (2001). □ Avanços na terapia do cancro com produtos naturais à base de plantas. Química Medicinal Atual. 8: 1467-1486.
Mukherjee, A.K; Basu, S.; Sarkar, N. e Ghosh, A.C. (2001).Advances in Cancer Therapy with Plant Based Natural Products. Current Medicinal Chemistry. 8: 1467-1486.
Muller, J.; **Decordier, I.; Hoet, P.H.; Lombaert, N.; Thomassen, L.; Huaux, F.; Lison, D. e Kirsch-Volders, M.** (2008).Clastogenic and aneugenic effects of multi-wall carbon nanotubes in epithelial cells. Carcinogénese. 29: 427-433.
Mulloy, K. B.; **James, D. S.; Mohs, K. e Kornfeld, M**. (2001). Cancro do pulmão num mineiro de urânio subterrâneo não fumador. Environ Health. 110: 51-59.
Murgia, C.; Pritchard J.K.; Kim, SY.; Fassati, A.; Weiss, R A. (2006). Origem clonal e evolução de um cancro transmissível. Cell. 26: 477- 87.
Murphy, K.L.; Grimm, S. L. e Rosen, J. M. (2000). Modelação do cancro da mama em ratos. Breast Cancer Res. 2: 3.
Nelson-Rees, W.A.; **Daniels, D.W.; Flandermeyer, R.R**. (1981). Crosscontamination of cells in culture (Contaminação cruzada de células em cultura). Science. 212: 446-452.
Nowell, P.C. (1976). A evolução clonal das populações de células tumorais. Science. 194: 23-28.
O'Hara, M.; Kiefer, D. e Farrell, K.K. (1998). A review of 12 commonly used Medicinal herbs. JAMA, 7: 523-540.
Ohta, T.; **Tokishita, S.; Mochizuki, K.; Kawase, J.; Sakahira, M. e Yamagata, H.** (2006). UV Sensitivity and Mutagenesis of the Extremely Thermophilic Eubacterium Thermus thermophilus HB27. Genes e Ambiente. 28: 56-61.
Osborne, C.K.; **Hobbs, K. e Trent, J.M.** (1987). Biological differences among MCF-7 human breast cancer cell lines from different laboratories (Diferenças biológicas entre linhas celulares de cancro da mama humano MCF-7 de diferentes laboratórios). Breast Cancer Res Treat. 9: 111-121.
Owen, J.R.; **Ashton, A. e Bliss, J.M**. (2006). Effect of radiotherapy fraction size on tumor control in patients with early-stage breast cancer after local tumor excision (Efeito do tamanho da fração de radioterapia no controlo do tumor em doentes com cancro da mama em fase inicial após excisão local do tumor). Lancet Oncol. 7: 467-71.
P: 287.
Pagano, J.S.; Blaser, M. e Buendia, M.A. (2004). Agentes infecciosos e cancro: critérios para uma relação causal. Semin. Cancer Biol. 14: 453-71.
Park, B.H.; **Vogelstein, B.; Kufe, D.W.; Pollack, R.E. e Weichselbaum, R.R**. (2003). Genes

supressores de tumores. In: Cancer Medicine. 6th Ed. Lewiston NY: BC Decker: p. 87-106.
Patwardhan, A. J.; Strittmatter, E. F.; Camp, D. G.; Smith, R. D., e Pallavicini, M. G. (2005). Comparação de linhas celulares normais e de cancro da mama utilizando dados do proteoma, do genoma e do interactoma. J. Proteome Res. 4: 1952 -1960.
Pawson, T. e Warner, N. (2007). Oncogenic re-wiring of cellular signaling pathways (Re-configuração oncogénica das vias de sinalização celular). Oncogene. 26: 1268-1275.
Peter, S. e Beglinger, C. (2007). *Helicobacter pylori* e cancro gástrico: a relação causal. Digestion 75: 25-35.
Piao, Y.; Du, Y.; Oshima, H.; Jin, J.; Nomura, M.; Yoshimoto, T. e Oshima, M. (2008). A 12-lipoxigenase de tipo plaquetário acelera a promoção tumoral de células epidérmicas de ratinho através do aumento da eficiência da clonagem. Carcinogénese. 29: 440-447.
Pierotti, N.A.; Schichman, S.A.; Sozzi, G. ; Croce, C.M. Bast, R.C.; Kufe, D.W. e Pollock, R.E. (2000). Oncogenes. In: Cancer Medicine. Hamilton, Ontário: BC Decker Inc., p. 56-66.
Putral, L.N.; Bywater, M.J.; Saunders, N.A.; Gabrielli, B.G.; Leggatt, G.R. e McMillan, N. A.J. (2005). Rnai contra oncogenes do HPV em células de cancro do colo do útero resulta num aumento da sensibilidade à cisplatina. Molecular Pharmacology.1:105.
Qingyi, W.; Li, L. e Chen, D. (2007). DNA Repair, Genetic Instability, and Cancer (Reparação do ADN, instabilidade genética e cancro). World Scientific. ISBN 9812700145.
Rainov, N.G. e Kramm, C.M. (2001). Vetor Delivery Methods and Targeting Strategies for Gene Therapy of Brain Tumors (Métodos de Entrega de Vectores e Estratégias de Direcionamento para Terapia Génica de Tumores Cerebrais). Current Gene Therapy. 1: 367-383.
Rakoff-Nahoum, S. (2006). Porquê o cancro e a inflamação? Yale Journal of Biology and Medicine. 79: 123-130.
Ralph, L.; Basil, A. e Alexander, S. (1999). Cancer Chemotherapy. Pharmaceutical Innovation: Revolutionizing Human Health. Philadelphia. p. 12-16.
Rangarajan, A. e Weinberg, R. (2003): biologia comparativa das células de ratinho versus células humanas: modelação do cancro humano em ratinhos. Nature.3: 952-958.
Rashant ,T.; Bimlesh, K., Mandeep, K.; Gurpreet,K. e Harleen, K. (2011).Phytochemical screening and Extraction: A Review.Int. Pharm. Sci.;1(1): 98-106.
Richardson, M.A.; Sanders, T.; Palmer, J.L.; Greisinger, A. e Singletary, S.E. (2000). Utilização de medicina complementar/alternativa num centro oncológico abrangente e implicações para a oncologia. J. Clin. Oncol. 18: 2505-14.
Ringer, D.P.; Schniper, L.E.; Lenhard, R.E.; Osteen, R.T. e Gansler T. (2001). Princípios da Biologia do Cancro. In: Clinical Oncology. Atlanta, GA: American Cancer Society. p. 25-30.
Robert, A. e Weinberg, S. (1996). Uma explosão de investigação está a revelar os fundamentos moleculares do cancro há muito escondidos e a sugerir novas terapias. Molecular Cancer Therapeutics. 7: 62-70.
Rockwell, S.; Liu, Y. e Higgins, S.A. (2005). Alteração dos efeitos dos agentes de terapia do cancro nas células do cancro da mama pela medicina herbal black cohosh. Breast Cancer Res Treat. 90: 233-239.
Rosenberg, N.A.; Pritchard, J.K.; Weber, J.L.; Cann, H.M.; Kidd, K.K.; Zhivotovsky, L.A. e Feldman, M.W. (2002). Genetic structure of human populations (Estrutura genética das populações humanas). Science. 298: 2381-2385.
Rosenberg, S.A. (1984). Adoptive immunotherapy of cancer. Cancer Treatment Reports. 68: 233-55.
Roushdy-Hammady, I.; Siegel, J.; Emri, S.; Testa, J.R. e Carbone, M. (2001). Fator de suscetibilidade genética e mesotelioma maligno na região da Capadócia, na Turquia. Lancet. 357: 444-5.
Russell, P.J. (1998). Genetics, (5th ed.). The Benjamin Cummings Publishing Company, Inc. Menlopark, EUA, pp585-614.
Sa'eed, O.F. (2004). O efeito de extractos de chá verde e preto em diferentes linhas celulares *in vitro*. Tese de Mestrado. Faculdade de Farmácia. Universidade de Mosul, Iraque.
Saetung, A.; Itharat, A.; Dechsukum, C.; Keawpradub, K.; Wattanapiromsakul, C., e Ratanasuwan, P. (2005). Atividade citotóxica de plantas medicinais tailandesas para o tratamento do cancro. Songklanakarin J. Sci. Technol. 27: 469-478.
Salmman, I. S. (2008). Efeito do extrato bruto de sementes de Silybum marianum L. em linhas

celulares normais e cancerígenas. Tese de Mestrado. Faculdade de Ciências para mulheres. Universidade de Bagdade, Iraque.
Samueinl, T. (1992). Effects of interleukin 2 on engraftment following autologous bone marrow transplantation (ABMT) in dogs. Leukemia Res. 16: 967-72.
Samuelson, J.; Cortran, R.; Kumar, V. e Collins, T. (1999). Doenças Infecciosas. Robbins Pathologic Basis of Disease. 6ª ed. p. 330. W.B. Saunders Company Philadelphia.
SAS. (2012). Statistical Ananlysis System, Guia do Utilizador. Statistical. Versão 9.1th ed. SAS.Inst.Inc. Cary.N.C. U.S.A.
Schmid, P.; Schippinger, W. e Nitsch, T. (2005). Quimioterapia inicial de alta dose em tandem em comparação com a quimioterapia padrão com doxorrubicina e paclitaxel no cancro da mama metastático. J. Clin. Oncol. 23: 432-40.
Shaulian, E. e Karin, M. (2001). AP-1 na proliferação e sobrevivência celular. Oncogene. 20: 2390-2400.
Sherr, C. (2004). Princípios da supressão de tumores. Cell. **116**: 235-46.
Shubber, E.K. e Al-Allak, B.M. (1986). Aberração cromossómica espontânea e SCE em linfócitos humanos: Efeitos das condições de cultura. *Nucleus*. 22: 92-98.
Slattery, M.L.; Boucher, K.M.; Caan, B.J.; Potter, J.D. e Ma, K.N. (1998). Eating patterns and risk of colon cancer (Padrões alimentares e risco de cancro do cólon). Am. J. Epidemiol. 148: 4-16.
Slavin, E. (1990). Imunoterapia activada por citocinas mediada por células (CCI) de doenças hemotológicas malignas para quimioterapia de transplante de medula óssea. Blood. 76: 2254.
Slavin, E. (1992). Transplante autólogo de células estaminais no transplante nacional de medula óssea em Jerusa lem, um meio para alcançar a citorredução máxima do tumor e um ponto de partida para a aplicação de imunoterapia na fase de doença residual mínima. Autol. BMT Newsletter. 6: 4-6.
Smith, I.E. e Ross, G.M. (2004). Radioterapia da mama após lumpectomia. N. Engl. J. Med. 351: 1021-3.
Smith, J.H. (1972). Veterinary Pathology. 4ª ed., Lea and Febiger, EUA. Lea and Febiger, U.S.A. p. 17-24.
Sobol, R. E. e Scanlon, K. J. (2008). Cancer Gene Therapy. Journal Citation Reports. 15: 10.
Souza, A.T. D; Yamada, T.; Mills, J.J. e Jirtle, R.L. (1997). Genes impressos na carcinogénese hepática. Jornal da Federação das Sociedades Americanas de Biologia Experimental. 11: 60-67.
Sparreboom, A.; Cox, M.C.; Acharya, M.R. e Figg, W.D. (2004). Herbal remedies in the United States: potential adverse interactions with anticancer agents. J. Clin. Oncol. 22: 24892503.
Spaulding-Albright, N. (1997). Uma revisão de alguns produtos à base de plantas e afins habitualmente utilizados em doentes com cancro. J Am Diet Assoc. 97: 208- 215.
Spindler, S.R. (2005). Indução rápida e reversível da longevidade, efeitos anticancerígenos e genómicos da restrição calórica. Mech. Ageing Dev. 126: 960-6.
Strauss, B.S. (1998). Hypermutability in Carcinogenesis. Genetics. 148: 1619-1626.
Suzuki, T.; Matsuo, K.; Hirose, K.; Hiraki, A.; Kawase, T.; Watanabe, M.; Yamashita, T.; Iwata, H. e Tajima, K.
(2008). Polimorfismos de genes relacionados com o metabolismo de um carbono e risco de cancro da mama.Carcinogenesis. 29: 356-362.
Taha, R.H. (2007). Efeito de Extractos Brutos de *Mella azedarach* em Linhas de Células Cancerígenas e Normais (In Vitro). Tese de Mestrado. Faculdade de Ciências, Universidade Al-Nahrain, Iraque.
Tannock, I.F.; Hill, R.P. e Hill, M. (2005). The Basic Science of Oncology. 4.ª ed. McGraw-Hill. p. 774-9.
Taylor, ER.; Boner, W.; Dornan, ES.; Corr, EM.; Morgan, IM. (2003). A irradiação UVB reduz a meia-vida e o potencial de transactivação da proteína E2 do papilomavírus humano 16. Oncogene. 22(29): 4469-77.
Timofeeva, O. A.; Plisov, S.; Evseev, A. A.; Peng, S.; Jose-Kampfner, M.; H. N. Lovvorn,; Dome, J. S. e Perantoni, A. O. (2006).
O STAT1 serina-fosforilado é um fator de pró-sobrevivência na patogénese do tumor de Wilms. Oncogene. 25: 7555-7564.

Truitt, A. e Atasoylu, W. (1991). Impact of pretransplant conditioning and donor T cells on chimerism, graft-versus-host disease, graft-versus-leukemia reactivity, and tolerance. Blood. 77: 2515-23.
Ubied, H.N. (2006). Estudo dos Efeitos Anticancerígenos dos Extractos Brutos das Folhas de *Olea europea* (estudo in vitro e in vivo). Tese de Mestrado. Faculdade de Medicina. Universidade de Kufa, Iraque.
Udagawa, S. (2005). Deterioração fúngica de alimentos e sua avaliação de risco. Nippon Ishinkin Gakkai Zassi. 46: 11- 15.
Umran, M. A. (2008). Influência dos Extractos de Polifenóis do Chá Verde Camellia sinensis nas Linhas de Células Normais e Cancerígenas In Vivo e In Vitro. Tese de doutoramento. Faculdade de Ciências. Universidade de Bagdade, Iraque.
Van Dyke,T. and Jack,T.(2002):Cancer modeling in the modern era : Progress and changes . Cell. 108: 135-144.
Vickers, A. (2004). Curas alternativas do cancro: não comprovadas ou refutadas. CA. Cancer J. Clin. 54: 110-8.
Vickers, A.J. (2007). Quais os botânicos ou outros agentes anticancerígenos não convencionais que devemos levar a ensaios clínicos. J. Soc. Integr. Oncol. 5: 125-9.
Waeber, M.; Castiglione-Gertsch, M. e Dietrich, D. (2003). Terapia adjuvante após excisão e radiação de recorrência de cancro da mama locorregional isolado pós-mastectomia: resultados definitivos de um ensaio aleatório de fase III que compara o tamoxifeno com a observação. Ann. Oncol. 14: 1215-21.
Wakisaka, N.; Kondo, S.; Yoshizaki, T.; Murono, S.; Furukawa, M. e Pagano, J. (2004). A proteína 1 da membrana latente do vírus Epstein-Barr induz a síntese do fator 1alfa induzido pela hipóxia. Mol. Cell Biol.24: 5223-34.
Wang, C.; Yuan, Y. e Hunt, R.H. (2007). A associação entre a infeção por Helicobacter pylori e o cancro gástrico precoce: uma meta-análise. Am. J. Gastroenterol. 102: 1789-98.
Wang, X.; Wei, Y.; Yuan, S.; Liu, G.; Zhang, Y.; Wang, W. (2007). Potencial atividade anticancerígena do extrato de pericarpo do fruto da lichia contra o carcinoma hepatocelular *in vitro* e *in vivo*. Cartas do cancro. 239: 144 - 150.
Weisburger, J.H; Williams, G.M.; Murphy, G.P.; Lawrence, W. e Lenhard, R.E. (1995). Causas do cancro. In: American Cancer Society Textbook of Clinical Oncology. 2ª ed. Atlanta, GA. Atlanta, GA: American Cancer Society. p.10-39.
Weitzman, S.A. e Gordon, L.I. (1990). Inflammation and cancer: role of phagocyte-generated oxidants in carcinogenesis. Blood.Journal of The American Society of Heamatology. 76: 655-663.
Whelan, T.; MacKenzie, R. e Julian, J. (2002). Randomized trial of breast irradiation schedules after lumpectomy for women with lymph node-negative breast cancer (Ensaio aleatório de esquemas de irradiação da mama após lumpectomia em mulheres com cancro da mama com nódulos linfáticos negativos). J National Cancer Inst. 94: 114350.
Whelan, T.J.; MacKenzie, R.G. e Levine, M. (2000). Um ensaio aleatório que compara dois esquemas de fracionamento para irradiação da mama pós-lumpectomia em cancro da mama nódulo-negativo. Actas da Sociedade Americana de Oncologia Clínica. 19: 5.
Whitman, S.C.; Kurowska, E.M.; Manthey, J.A. e Daugherty, A. (2005). A nobiletina, um flavonoide cítrico isolado das tangerinas, inibe seletivamente a classe. Um metabolismo mediado pelo recetor scavenger de LDL acetilado por macrófagos de rato. Atherosclerosis. 178: 25-32.
Wilson, A.A. e Kotton, D.N. (2008). Outro entalhe na biologia das células estaminais: As células estaminais intestinais de Drosophila e a especificação dos destinos celulares. Bioessays 30: 107-109.
Witkowski, J.A. (1983). Patologia experimental e as origens da cultura de tecidos: A contribuição de Leo Loeb. Med Hist. 27: 269-288.
Witte, M.; Shealy, D.J.; Nakada, M. T. e Anderson, G. M. (2003). Cancer Cytokines in the Genesis and Treatment of Cancer (Citocinas do cancro na génese e tratamento do cancro). Oncology Research. 1: 455.
Wood, C. e Harrington, W. (2005). SIDA e doenças malignas associadas. Cell Res. 15: 947-52.
Yang, G.; Rosen, D.G.; Mercado-Uribe, I.; Colacino, J. A.; Mills, G. B.;. Bast, R. C; Zhou,

C. e Liu, J. (2007). O knockdown do p53 combinado com a expressão da subunidade catalítica da telomerase é suficiente para imortalizar as células epiteliais primárias da superfície do ovário humano. Carcinogenesis. 28: 174-182.
Yaseen, N. Y. (1990). Estudo citogenético de células de cancro colorrectal humano. Tese de doutoramento, Universidade de Sheffield.
Yaseen, N. Y.; Tawfiq, M. S.; Hamadi, A. A.; Estivan, A. G. (1998). Estudos citogenéticos em doentes com leucemia mioclítica crónica. Med. J. Tikrit University. 4: 5-9.
Yin, J.; Kwon, G.J. e Wang, M.H. (2007). As actividades antioxidantes e citotóxicas dos extractos *de Sonchus oleraceus* L.. Nutrition Research and Practice. 1: 189-194.
Yoshida, B.A.; Sokoloff, M.M.; Welch, D.R. e Rinker-Schaeffer, C.W. (2000). Metastasis-suppressor genes. Jornal do Instituto Nacional do Cancro. 92: 1717-1730.
Zahradka, K.; Slade, D.; Bailone, A.; Sommer, S.; Averbeck, D.; Petranovic, M.; Lindner, A.B. e Radman, M. (2006). Reassembly of shattered chromosomes in Deinococcus radiodurans. Nature. **443**: 569-573.
Zhang, W.; Hanks, A.N.; Boucher, K.; Florell, S.R.; Allen, S.M.; Alexander, A.; Brash, D.E. e Grossman, D. (2005). A apoptose induzida por UVB impulsiona a expansão clonal durante o desenvolvimento do tumor cutâneo. Carcinogenesis. 26: 249-257.

MIX
Papier aus verantwortungsvollen Quellen
Paper from responsible sources
FSC® C105338

Printed by Books on Demand GmbH, Norderstedt / Germany